2023 年主题出版重点出版物

生态第一课

写给青少年的 绿水青山

◎吴长春 高 阳 主编
◎韩 静 王 韬 副主编

中国的田

中国地图出版社

·北京·

图书在版编目（CIP）数据

写给青少年的绿水青山．中国的田 ／ 吴长春，高阳
主编．-- 北京：中国地图出版社，2023.12
（生态第一课）
ISBN 978-7-5204-3741-7

Ⅰ．①写… Ⅱ．①吴… ②高… Ⅲ．①生态环境建设
－中国－青少年读物 ②农田－农业生态系统－生态环境建
设－中国－青少年读物 Ⅳ．① X321.2-49

中国国家版本馆 CIP 数据核字 (2023) 第 244042 号

SHENGTAI DI-YI KE XIE GEI QINGSHAONIAN DE LYUSHUI QINGSHAN ZHONGGUO DE TIAN
生态第一课·写给青少年的绿水青山·中国的田

出版发行	中国地图出版社	邮政编码	100054
社　　址	北京市西城区白纸坊西街 3 号	网　　址	www.sinomaps.com
电　　话	010-83490076　83495213	经　　销	新华书店
印　　刷	河北环京美印刷有限公司	印　　张	7.5
成品规格	185 mm × 260 mm		
版　　次	2023 年 12 月第 1 版	印　　次	2023 年 12 月河北第 1 次印刷
定　　价	39.80 元		
书　　号	ISBN 978-7-5204-3741-7		
审 图 号	GS 京（2023）2020 号		

本书中国国界线系按照中国地图出版社 1989 年出版的 1:400 万《中华人民共和国地形图》绘制。
如有印装质量问题，请与我社联系调换。

《中国的田》编辑部

策　　划　孙　水

统　　筹　孙　水　李　铮

责任编辑　董　蕊

编　　辑　李　铮　葛安玲　杨　帆

插画绘制　原琳颖　王荷芳

装帧设计　徐　莹　风尚境界

图片提供　视觉中国

前　言

　　生态文明建设关乎国家富强，关乎民族复兴，关乎人民幸福。纵观人类发展史和文明演进史，生态兴则文明兴，生态衰则文明衰。党的十八大以来，以习近平同志为核心的党中央以前所未有的力度抓生态文明建设，将生态文明建设纳入中国特色社会主义事业"五位一体"总体布局，建设美丽中国已经成为中国人民心向往之的奋斗目标。生态文明是人民群众共同参与共同建设共同享有的事业，每个人都是生态环境的保护者、建设者、受益者。

　　生态文明教育是建设人与自然和谐共生的现代化的重要支撑，也是树立和践行社会主义生态文明观的有效助力。其中，加强青少年生态文明教育尤为重要。青少年不仅是中国生态文明建设的生力军，更是建设美丽中国的实践者、推动者。在青少年世界观、人生观和价值观形成的关键时期，只有把生态文明教育做好做实，才能为未来培养具有生态文明价值观和实践能力的建设者和接班人。

　　为贯彻落实习近平生态文明思想，扎实推进生态文明建设，培养具有生态意识、生态智慧、生态行为的新时代青少年，我们编写了这套《生态第一课·写给青少年的绿水青山》丛书。

　　丛书以"山水林田湖草是生命共同体"的理念为指导，分为 8 册，按照山、水、林、田、湖、草、沙、海的顺序，多维度、全景式地展示我国自然资源要素的分布与变化、特征与原理、开发与利用，介绍我国生态文明建设的历

史和现状、问题和措施、成效和展望，同时阐释这些自然资源要素承载的历史文化及其中所蕴含的生态文明理念，知识丰富，图文并茂，生动有趣，可读性强，能够让青少年深刻领悟到山水林田湖草沙是不可分割的整体，从而有助于青少年将人与自然和谐共生的理念和节约资源、保护环境的意识内化于心，外化于行。

人出生于世间，存于世间，依靠自然而生存，认识自然生态便是人生的第一课。策划出版这套丛书，有助于我们开展生态文明教育，引导青少年在学中行，行中悟，既要懂道理，又要做道理的实践者，将"绿水青山就是金山银山"的理念深植于心，为共同建设美丽中国打下坚实的基础。

这套丛书的编写得到了中国地质科学院地质研究所、中国水利水电科学研究院、中国水资源战略研究会暨全球水伙伴中国委员会、中国科学院植物研究所、农业农村部耕地质量监测保护中心、中国科学院南京地理与湖泊研究所、中国地质大学（武汉）地理与信息工程学院、自然资源部第二海洋研究所等单位的大力支持，在此谨向所有支持和帮助过本套丛书编写的单位、领导和专家表示诚挚的感谢。

本书编委会

图 例

★北京	首都	～～	海岸线
⊙武汉	省级行政中心		河流、湖泊
——未定	国界		时令河、时令湖
…………	省级界		运河
——————	特别行政区界		

目 录

第一章 万里山河田之梦

第二章 一壶千金土资源

第三章　神州大地田分类

第四章　竭智尽力的粮食安全

第五章　刻不容缓田保护

第六章　稻谷飘香田之望

第一章
万里山河田之梦

　　古中国、古印度、古巴比伦和古埃及是四大农耕文明古国。在这四大农耕文明古国中，中国是唯一农耕文明没有发生断裂的国家。作为农耕文明最重要的发源地之一，中国自古以来就将农业视为国家命脉。中国古代的人民在长达万年的劳动实践中创造了多样的农业生产模式，形成了"广博丰富，深奥精微"的农耕文化。这种根植于农田的文化集合了农业生产、国家制度、礼俗制度、文化教育等各个方面的文化，同时也具有儒学和宗教色彩，是中国传统文化的重要组成部分。

第一节　旷日积暑田之源

　　早在人类出现之前，地球上的土壤就已经形成了，这些土壤供养了无数生命，同时也为这些生命提供了可以栖息的家园。人类诞生后也无法脱离土壤而生存。经过长时间的发展，人类开始定居生活，并逐渐利用土壤发展种植业，与土壤结下了不解之缘。在人类和土壤长时间的共生共养、相互作用下，灿烂的农耕文明相随而生。

"田"字释义

　　"田"字是一个象形字，本义指农田。它生动地展示了中国早期农田的基本格局，即阡陌纵横或者沟渠四通的一块块农田。甲骨文中的"田"字稍显复杂，但它表现的意思很明显，而从金文开始，"田"字的字形基本没发生太大的变化，且一直延续至今。

∧"田"字演变过程

　　由于农田与耕种有关，所以"田"字的意思又引申为"耕种"。《汉书·高帝纪》中"令民得田之"的"田"，意思就是耕种。由"田"字组成的词语也有农夫、农田、农村的意思。《史记·项羽本纪》中有"项王至阴陵，迷失道，问一田父"的句子，句中"田父"的意思就是农夫。孟浩然《过故人庄》中有"故人具鸡黍，邀我至田家"的诗句，这里的"田家"即指农家。而一些古文中所说的"田舍"即为田地和房屋，泛指村舍、农家；"田舍郎"就是农家人，即乡野之人。

⚠《过故人庄》中的场景

　　中国的汉字源自生活。"田"字也是汉字中一个重要的偏旁部首，与之相关的字也多和"田猎，耕种"有关，如"男"字。"男"字由田和力组成，表示用力耕田，本义指男人，与女相对。在生产力水平相对低下的古代，男性因为力气更大，从事农业生产比女性更具优势，因此人们把用力耕田的人，称为男人。

⚠ 古时男耕女织的场景

　　实际上，人类社会生存与发展的基础经济是农业，人需要田地，作物的收获依赖田地。中华民族自古以来仰仗田、依恋田、热爱田，田给予了人们生存的物质基础，也给人们带来了诸多向前发展的机遇。

田的起源与发展

人们今天所见到的田是怎么形成的呢？

在距今 20 万年到 10 万年的旧石器时代，古人逐渐适应了各地的自然环境，他们的劳动经验逐渐丰富，生活技能有了提高，利用打制石器和木棍进行采集、捕鱼和狩猎活动。但由于食物来源不固定、自然灾害等因素的制约，人口增长相对缓慢。

到了距今八九千年的新石器时代，制作较为精良的磨制石器成为古人的主要工具，人们开始种植作物和驯养动物，最原始的农耕模式"刀耕火种"出现了。人们先用石斧砍伐树木和草茎，再将草木晒干后用火焚烧。经过火烧，土地变得松软，而草木燃尽后的草木灰变为天然的肥料。

▲ 古人刀耕火种场景

人们在土地上挖出一个个小洞穴，撒上种子后盖上土，静待作物生长。由此，原始的农田开始出现了。

农业让古人开始了定居生活，他们逐渐掌握了石器的磨制和钻孔技术，学会了制作陶器和饲养牲畜，生活条件进一步得到改善。这一阶段出现了用来去除杂草和树木的石斧、石锛，用来翻土的耜，用来收割粮食作物的石刀、石镰，以及用于加工谷物的石磨盘、石磨棒等农业工具。

总体而言，黄河中下游和长江中下游的农耕文明发展较快。

到了新石器晚期，原始农业有了较大的发展。北方以旱作农业为主，南方以水田作业为主。人们使用磨得扁平的石锄作为主要的翻土工具，用半月形石刀和蚌刀收割作物，生产效率大大提高。他们普遍已经过上了长期定居的生活。可以说，真正意义上的田已经形成了。

> **·信息卡·** **古老的稻田**
>
> 　　2020—2021年，浙江省文物考古研究所、宁波市文化遗产管理研究院、余姚市河姆渡遗址博物馆进行了联合考古发掘，他们在浙江余姚施岙遗址发掘出了河姆渡文化和良渚文化的大规模古稻田遗存，这些古稻田遗存距今6700年至4500年。这是目前世界上发现的面积最大、年代最早、证据最充分的大规模古稻田遗存。
>
> 　　考古人员在良渚文化古稻田发现了由凸起田埂组成的"井"字形结构的路网，以及由河道、水渠和灌排水口组成的灌溉系统，确定了面积为750平方米、700平方米、1900平方米、1300平方米左右的4个田块。稻田堆积中含有较多水稻小穗轴、颖壳、稻田伴生杂草等遗存。
>
> 　　几千年前，在水稻成熟的季节，先民们站在田埂上望着这片金灿灿的稻田，该是怎样的心情？这片流淌过无数汗水的稻田承载着先民们的生计，承载着他们走向未来的希望。他们就这样兢兢业业地在这片江南大地上繁衍生息。

　　原始社会结束，我国历史上第一个奴隶制国家——夏朝建立。夏朝以农业立国，生产力水平有了很大的提高，因此谷物产量也有所增加，已经开始用粮食酿酒。这进一步说明夏朝的谷物较为丰沛。

　　至商朝，我国进入了有文字记录的时期，已经开始有了农业生产部门。人们用耒耜对较大面积的土地进行翻土、碎土，达到了深耕的效果。甲古文中出现了"▦"字形，这说明在平坦的原野上已经有修理规整的连片方块熟田。至此农田的基本形式已经确立。

　　农业是人类社会的经济基础，也是手工业、商业、科学技术繁荣发展的坚实后盾，在人类历史演进的过程中扮演着极为重要的角色。

第二节　星光灿烂田之耕

农耕文明中藏着中华文明生生不息的密码。从一年四季的轮回里，人们摸索出春种、夏耘、秋收、冬藏的法则；在农具的改良和更新中，人们不断提高生产能力；由于南北自然地理的差异，人们不断适应自然规律，并由此奠定了中国南稻北麦的农业生产格局。

春种秋收

大自然是人类的老师，人们从大自然中观察到了植物生长的秘密，并由此明确了不同作物的播种和收获时节。通过身体力行，"春种秋收"的一般作物生长规律为人们所掌握。

《齐民要术》里说："顺天时，量地利，则用力少而成功多。"即人们应

△ 中国南方水田耕种场景

该按照不同季节、气候种植作物，同时还应该考察土壤的质量，根据土壤的不同，播种不同的作物，这样既能节省人力，又能收获更多粮食。这种思想就是古人所说的"天人合一"。在此思想的指导下，人们又创造了农时观、地宜观、节用观等观念。

工欲善其事，必先利其器

农具与农业相伴而生，自农业诞生之日起，农具就在农业生产中充当了不可或缺的角色。随着科技水平的进步，农具在不断更新换代，农业也在不断发展进步。

在不同历史时期的农业生产实践中，勤劳智慧的中国人民创造了一系列适应农业生产的工具。

原始社会时期，农业生产较为粗放，农具的材料一般为岩石、动物的骨头、蚌壳、木材等，比如石斧、石刀、石磨盘、蚌刀、耒耜等。

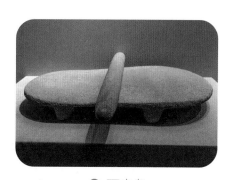

△ 石磨盘

夏商周时期，农具的形式有所改进，但其所用的材料还是以岩石、骨头、木材为主。尽管这一时期，青铜锻造技艺发展较好，但青铜多用于制造武器、庆典或祭祀所用的礼器和贵族奴隶主所用的餐具等。

春秋战国时期，冶铁业兴起，农具发展进入了一个大变革时代。这一时期的农具大多在木器上套上铁质的锋刃，生产效率大大提高，生产力有了质的飞跃。铁质农具有用来翻土和松土的铁镢头、铁铲、

△ 商朝妇好鸮尊

铁犁等。铁制农具被用于农业生产的同时，人们已经开始用牛耕田，这进一步解放了大量的劳动力，使更多的人可以从事手工业，并由此促进了手工业的繁荣。大型水利工程的修建，也为农业的发展助力不小。赫赫有名的郑国渠，长300多里，灌溉田亩4万余顷，使关中地区成为沃野。

战国时期的铁犁铧（下）、铁镰（上）

秦汉之时，牛耕更加普遍，铁制农具也得到了进一步的推广。与此同时，大型水利工程的进一步修建也促进了农业的发展。当时有名的灌溉工程包括龙首渠、白渠、成国渠、灵轵渠等，这些水渠既治理了水患，又可以灌溉农田，水中的淤泥还可以为农田增加肥力，可谓一举多得。

汉代画像石——牛耕图

隋唐时期，农具中最显著的变化是曲辕犁代替了直辕犁。直辕犁较为笨重，转弯困难，不好调节犁地的深浅。曲辕犁犁架相对较小，能够调节犁地的深浅，可以灵活转弯，操作灵便，成为当时最先进的耕具。且此后该耕具的形制基本没有发生大的变化。

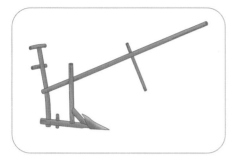 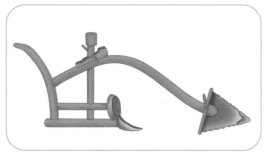

⌃ 直辕犁（左）与曲辕犁（右）对比图

宋代至清代，农业生产和农具已经发展到了更为成熟的阶段，适应旱田和水田有关"播、种、耕、耙、收、磨"的各种农具基本已经配套成型。精耕细作已经成为普遍的耕作方式，粮食的单位面积产量有了显著提高，而且农民还会根据不同的土壤，使用不同的肥料。

拓展阅读

　　龙骨水车，古称"翻车"，是一种木制提水工具，最早出现在东汉时期，由水槽、龙骨链板、轮轴等组成，应用了齿轮和链条的机械传动原理，可以连续提水。该水车用人力、畜力或风力等带动链条循环转动，由装在链条上的刮水板将水刮入水槽，水沿水槽上升，流入田间。中国使用龙骨水车的历史很长。在大量发展机电排灌以前，龙骨水车是水稻种植区的主要提水工具，有些地区至今还在使用龙骨水车。

⌃ 龙骨水车及其分解图

到了现代，田间机器人、植保无人机、播种机、收割机等新型农具给农业生产插上了科技的翅膀，给农业发展带来了极其重大的影响和变革。

⬆ 植保无人机喷洒农药

"南稻北麦"因何形成？

第一颗种子是从哪里来的呢？距今约 1 万年前，先民们在采集食物的过程中，将一些可供食用的野生植物的种子收集起来，并在适宜的时候将这些种子散落于土壤中，等待其发芽生长。这些植物在适宜的条件下，随着气候周期性变化，定期发芽、抽穗、开花、结果，使人类拥有了可以持续种植的种子。

距今 8000 年前后是农业起源的关键阶段，而定居村落的出现，意味着先民们开始了真正意义上的农业生产和家畜饲养。

距今 7000 年左右，长江中下游地区的河姆渡是中国大地上种植水稻的代表性地区。河姆渡遗址出土了大量的稻谷、谷壳、稻秆等遗存，说明该地区普遍种植水稻，且水稻是当时人们重要的食物来源。

比河姆渡文化较晚出现的良渚文化，稻作农业已经发展到很高的水平，且人们还在良渚遗址发现了大型的水利工程，这足以证明长江中下游地区可能已经完成了由采集、狩猎向稻作农业社会的转变。

⌃ 河姆渡遗址

⌃ 良渚古城遗址出土的碳化稻米

中国北方黄河中下游地区早期的人们则以种植粟和黍两种作物为主。距今约7000年的仰韶文化是中国北方地区新石器时期文化的代表。农业生产在社会经济生活中占据着重要的位置，且比重逐渐增大，粟和黍在当时是人们重要的食物来源。到仰韶文化发展中期，以种植粟和黍为代表

⋀ 仰韶文化人面鱼纹彩陶盆

的旱作农业已经逐渐取代采集、狩猎，说明中国北方地区可能已经进入农业社会阶段。

距今4000年前后，起源于西亚的小麦传入中国。因其优良的高产品质，小麦逐步取代中国本土的粟和黍两种作物，成为北方旱作农业的主体作物。从此，中国农业"南稻北麦"的生产格局形成了，且一直延续至今。

第三节　时移世易田之策

中国古代的土地制度一直随着时间的更迭和社会的发展不断演变。对以农业立国的古中国而言，土地制度就是古代经济制度的核心。在漫长的中国古代史中，土地制度大体经历了原始氏族公社土地所有制、奴隶主贵族土地所有制和封建土地所有制三个阶段。

田的归属谁做主？

原始社会生产力相对低下，生产工具落后，土地属于氏族公社集体所有。即公社内的成员集体劳动，男子主要从事种植和狩猎活动，女子则主要从事纺织和采集活动，人们共同占有生产资料，重要事件由氏族民主集会决定，具有充分的民主精神。

进入奴隶社会后，土地所有权被统治阶级占有，天子把土地分封给诸侯，诸侯再把土地分封给他的下一层级，而土地的最高所有权则归天子所有，即井田制。这就是人们常说的"普天之下莫非王土"。井田一般由九块百亩的方田组成，因为九块方田摆在一起，中间的沟渠恰好形成一个"井"字，故名"井田"。井田中间为"公田"，其余8块为"私田"，拥有私田的人每年要先在公田上劳作完之后，才能去耕种自己的私田。

春秋战国时期，随着

∧ 井田制示意图

铁制农具和牛耕的出现，使以一家一户为单位的农业生产方式成为可能，大量荒地被开垦出来。各国诸侯和士大夫阶层占有的私田数量不断增加，土地私有制渐渐兴起，并开始出现土地交换活动，井田制逐渐瓦解。奴隶主贵族转变为封建地主，封建土地所有制产生了。秦始皇统一六国后，颁布了让老百姓向官府呈报自己实际占有田地数额的法令。这项法令的颁布，标志着秦国在国家层面上承认私有土地的合法性。

此后，封建土地所有制影响了中国两千多年。在封建土地所有制下，土地国有制和土地私有制长期并存。国有土地包括屯田和官田，私有土地包括贵族、官僚、庶民等不同阶级的地主和农民所有的土地。由于土地可以买卖，大地主阶级倚仗权势不断兼并农民所有的土地。不同历史时期，相应的朝代出台了不同的田亩制度，如北魏孝文帝制定的按照人口数量分配土地的均田制；清朝时期，因为战乱，明朝藩王及勋戚大量逃亡，康熙帝将原属于明朝藩王的土地无偿给予当时正在这些土地上耕种的农民，这种土地政策被称为更名田。

土地制度不断发展和完善的过程，体现了生产关系在不断适应生产力的发展和变化。封建土地所有制对封建经济的发展、社会经济的繁荣起到了积极的作用，使中国的封建社会走向完善和成熟，推动了中国社会的进步和发展。但这种土地制度，也使小农经济在中国延续了两千多年，它的闭塞性和自给自足的特点，严重地阻碍了封建社会商品经济的发展，限制了手工业同农业的分离，尤其是在明朝中后期资本主义萌芽出现之后，这种制约更加明显。

第四节　顺天应时田中慧

在人类历史的发展进程中，农耕方式逐渐从粗放式耕作发展为精耕细作，我国的先民用坚忍不拔、百折不挠的精神，不断地去适应、改造自然环境，顺应自然规律，在田地中谋求生存，力求与自然和谐共生，持续发展。

惠泽天下的水利工程

农田离不开水的滋养。原始社会时期，生产力低下，人们只能依靠自然降雨浇灌农田，粗放型的种植方式并不能让人填饱肚子。随着人类社会的不断进步，人们适应环境和改造周围环境的能力不断增强，为发展农业，人们开始兴修各种水利工程。历史上著名的水利工程有西门豹渠、郑国渠和都江堰等。

▲ 郑国渠首遗址

西门豹渠，修建于战国时期，又名引漳十二渠，是公元前421年魏国西门豹任邺（今河北省临漳县西）令时主持开凿的水利工程。当时西门豹破除了当地"河伯娶妇"的陋习，开凿了十二条水渠，引漳水灌溉邺地农田，造福了一方百姓。

郑国渠，位于关中平原，修建于战国时期，是秦王嬴政采纳韩国水工郑国的建议开凿的，故名郑国渠。该渠引泾水东流，最终注入洛水，干渠分布在高处，最大限度地控制了灌溉面积。郑国渠大大改变了关中地区的农业面貌，使雨量稀少的关中变为千里沃野，使秦国得以富强，为秦国统一六国奠定了雄厚的经济基础。

都江堰，位于四川省都江堰市西北岷江中游，修建于战国时期，由鱼嘴、飞沙堰、宝瓶口三部分组成。蜀郡守李冰访查水脉，因地制宜，率领众人开凿了都江堰排灌水利工程。都江堰修成后，蜀地成为"水旱从人，不知饥馑"的天府之国。至今，都江堰仍然发挥着泄洪灌溉的功能，是四川省经济发展不可替代的水利基础设施。

▲ 都江堰风光

节气与农耕

在无数个昼夜更替中，人们逐渐摸索出了四季轮回和节气变化的规律，进而掌握了时间的密码，获得了丰收的喜悦。

那么昼夜和四季是怎么轮转的呢？

地球是既不透明也不发光的球体，同一时间太阳光只能照亮半个地球，另一半则处于黑暗之中。由于它在不停地自转，昼夜也就会不断地交替。地球在自转的同时，还"斜着身子"围绕太阳进行公转，这使得地球公转轨道面与赤道面形成了一个交角，即黄赤交角。地球公转和黄赤交角的存在，造成了太阳直射点在地球南北纬 23° 26′ 之间往返移动的周年变化，从而使正午太阳高度和昼夜长短随季节发生变化，于是春、夏、秋、冬四季便开始不断轮回。

⋀ 春种　　⋀ 夏耘

⋀ 秋收　　⋀ 冬藏

⋀ 四季轮回

　　古时，人们通过观察北斗七星斗柄旋转的位置，确立了二十四节气，每年以立春为开端，以大寒为结束。它基本概括了一年中四季交替的时间和降水、气温、日照等的变化规律。到了西汉时期，汉武帝将二十四节气收入到了《太初历》中，用于指导农事。此后，二十四节气既是指导农业生产的指南针，也是人们预知冷暖雨雪的晴雨表。

△ 古人夜观星象

对农业生产者而言，只懂得农耕时令是远远不够的，人们还要学会合理利用脚下的土地。《管子·水地》中说："地者，万物之本原。"意思是土地是一切生命的植根之处。古往今来，农业生产者在保护土地的同时，一直都在探索高效利用土地的方法，让人们赖以生存的土地能够保持生机和活力，造福子孙后代。休耕轮作就是典型的农田保护措施。

休耕不是让耕地荒芜，其目的是使耕地得到休息，减少水分、养分的消耗，为以后作物生长创造良好的土壤条件。轮作是同一块田在不同时节轮换

△ 轮作示意图

种植不同作物或者组合种植作物的种植方式。休耕轮作可以使耕地实现用养结合，不仅有助于提高土壤肥力，还能提高粮食产量，实现生态效益和经济效益双丰收。

·信息卡·　　　　　　　　　　**土地神**

　　在中国古代，民间有祭祀土地神的习俗。土地神，又称土地公公、土地爷、社神等，源于远古人们对土地的崇拜。土生五谷，是文明诞生之源，故而人们会祭祀土地。土地庙是土地神的栖身之所，多是民间自发建造的，属于微型建筑，面积小则仅几平方米，大则十几平方米，是中国分布最广的祭祀建筑。现在人们祭祀土地神，多为祈福、保平安。

　　1986 年，我国通过并颁布了第一部专门调整土地关系的法律《中华人民共和国土地管理法》，该法为加强土地管理，保护土地资源，合理利用土地，切实保护耕地，提供了有效的法律保障。农耕文明的继承和发扬不仅需要人们对土地怀有深厚的感情，还需要法律作为后盾为其提供更加坚实的支撑。

·信息卡·　　　　　　**中国农民丰收节**

　　中国农民丰收节是第一个在国家层面专门为农民设立的节日，于每年秋分举行。秋分时节，正是瓜果飘香、蟹肥菊黄、粮食满仓的季节。在一个有着上万年农耕文明史的农业大国里设立农民丰收节，是一件具有历史意义的大事。

四大农书，古代典籍群芳谱

古代劳动人民在长期的农业生产实践中，总结和积累了丰富的生产经验。自有文字以来，人们撰写完成了几百部农学著作。这些著作汇集了无数古代人民的智慧，时至今日对现代农业的生产发展依然起到很好的指导作用。其中，《氾胜之书》《齐民要术》《王祯农书》《农政全书》被称为中国古代四大农书。

《氾胜之书》，成书于西汉晚期，共有18篇，现存3000多字，作者是杰出的农学家氾胜之。当时，氾胜之受命在关中一带指导农业生产，受到了百姓的欢迎，他总结了前人的生产经验，又增加了自己的理解和创造撰写了该书。《氾胜之书》主要总结了黄河流域，尤其是关中地区的农业生产技术，较为详细地记述了黍、麦、稻、大豆、麻、瓜、芋、桑等十几种作物的栽培方法，反映了当时的农业生产水平。并且，氾胜之一直都在进行农田试验，他这种亲历亲试的科研方法，也为历代农学家所接受，并形成了传统。后世中凡在农学上取得重大成就的农学家无不采用先实验，后推广的方法。氾胜之的科研方法在当时可谓领先于世界。

《齐民要术》中的"齐民"即平民，"要术"指的是平民在生产、生活中所必备的技术知识。该书成书于北魏时期，由贾思勰撰写，是我国现存最完整、最早的一部农书，全书92篇，分为10卷。书中论述了蔬菜、果树、竹木的栽培技术，家畜、家禽的饲养方式，农产品加工技术，土壤改良方法等，比较系统地总结了黄河中下游地区的农业生产经验。《齐民要术》的内容和规模大大超过了先秦两汉的农书，有"中国古代农业百科全书"之称。

《王祯农书》是元代王祯所著，成书于1313年，对我国南北方的农业生产技术均有论述。该书共分为三部分：农桑通诀（6集）、百谷谱（11集）、农器图谱（20集）。农桑通诀，属于总论，概述了我国农业生产发展的历史和农副业生产的各个环节和技术，强调农业生产要因时而异，因地制宜；一年四季，不同的时节要种植不同的作物。百谷谱，分项论述了各种大田谷物、蔬菜、水果、竹木、药材等的栽培、储藏、利用和保护等技术。农器图谱，是全书最为人称道的部分，附图270多幅，讲述了各种农具的构造和用途，不仅有南北通用的农具，还有纺织机械、灌溉机械和已经失传的农具。《王祯农书》对当时的社会乃至今天意义重大。

▲ 《王祯农书》中的插图

《农政全书》是明代徐光启撰写的一部农业科学巨著。该书共60卷，70多万字，共分农本、田制、农事、水利、农器、树艺、蚕桑、蚕桑广类、种植、牧养、制造（食品加工）、荒政（备荒）等12门。该书不仅全面总结了中国的农业科学技术，还吸收了西方的农业科学知识，是中国古代农学的集大成之作，在中国农学史上占有重要地位。

• 信息卡 •

徐光启，字子先，号玄扈，是我国古代杰出的科学家，他对农学、天文学、数学、水利学等都有很深的研究，师从意大利人利玛窦，曾翻译古希腊数学家欧几里得的《几何原本》。《农政全书》是徐光启研究农学的精心力作，但是直到他去世这部著作还没有定稿。后该书由江南名士陈子龙等人整理，并于1639年刻印完成。

▲ 徐光启画像

山水田园中的耕读诗画

在古时，有人因为不满官场的黑暗而远离朝堂，归隐田园；有人因为想要远离世事的纷扰，短暂地体验农家生活；还有人哀叹百姓稼穑之艰辛，为他们振臂一呼……他们创作出了数量众多的山水田园诗。东晋的陶渊明脱离仕途，回归自然后写道："开荒南野际，守拙归园田。"唐朝的诗人孟浩然看到田园生活恬静闲适，因此对农村生活心向往之后写道："开轩面场圃，把酒话桑麻。"唐朝的聂夷中看到农民遭受严重剥削，对贫苦农民深切同情，他写道："二月卖新丝，五月粜新谷。"宋朝诗人范成大描写田园初夏时节紧张的劳动气氛，表达对儿童的喜爱之情："童孙未解供耕织，也傍桑阴学种瓜。"从这些诗句中不难看出，农田与人们的生计有着多么密切的联系。

△ 田园牧歌

农耕生活引发了部分人对山水田园的向往，进而催生了田园诗这一诗歌流派。在漫漫历史长河中，人们总是对农耕寄予无限的厚望，祈愿风调雨顺、国泰民安、衣食富足，这里蕴藏着人们对美好生活的向往，对安居乐业的渴望，对少有所依、老有所养的期盼。

第二章

一壶千金土资源

　　土壤看似轻微，却是十分珍贵的资源。土壤是农业的基础，是最基本的农业生产资料。没有肥沃的土壤，人类很难养活自己，可以说土壤的多样性功能支撑着人类的生产、生活。中国地域辽阔，土壤类型多种多样，正所谓"一方水土养一方人"，不同的土壤类型也成就了各不相同的风土人情。

第一节　百谷草木丽乎土

百谷和草木依附土地而生存。正是因为地球表层这一层薄薄的土壤，世界才如此绚烂多姿。土壤是日常生活中最常见的物质之一，也是人类生产和生活不可或缺的一种自然资源。土壤并非天生肥沃富饶，它的形成经历了一个漫长的过程。据估算，地球表面土壤的平均形成速度约为 0.056 毫米 / 年。常见的土壤一般都经过万年以上才能形成，因此民间有"千年龟，万年土"的说法。对于只有百年寿命的人类而言，终其一生都无法完整见证 1 厘米厚的土壤的形成。正因为土壤形成时间长、难获得，才显得十分珍贵。

从石头变成土壤比去西天取经还难吗？

土壤是岩石受到风化作用演变而来的。它需要走过一段漫长的"打怪升级"之路，在物理、化学、生物的共同作用下，历经"九九八十一难"，才能从一块光秃秃、硬邦邦的石头，变为成土母质。不过成土母质还不是土壤，它需要经过长期的生物作用，积累丰富的有机物，才能变成常见的肥沃土壤，供植物生长。土壤有机质能够改善土壤通透性，增加土壤肥力和土壤生物多样性，是土壤形成的重要标志。

知识速递

成土母质

成土母质就像是土壤的"母亲"，是土壤形成的物质基础和绝大多数植物所需矿物养分元素的最初来源，直接影响着成土的速度，并对土壤性质——如养分状况——有很大影响。

岩石破碎成为成土母质。

植物在成土母质中扎根，促进了土壤的发育，并增加了土壤中的有机质含量。

降水不断渗透到土壤深处，土壤得到进一步发育。

︿ 土壤形成过程示意图

　　土壤由各种颗粒状矿物质、有机物质、水分、空气、微生物等组成，能生长植物。世界上约有几十万种植物生长在土壤中。同时，土壤还具备了各种微生物生长发育所需要的营养、水分、空气等条件，为微生物提供了生存空间，因此土壤是微生物生长和繁殖的天然培养基，是最丰富的菌种资源库。耕作层土壤中包含数百万甚至上千万的细菌和放线菌、数十万的真菌和众多的原生动物，它们可以通过旺盛的代谢活动，改善土壤的物理结构、提高肥力。

　　细菌是单细胞的原核生物，极其微小，结构简单，只能在显微镜下被看到，是所有生物中数量最多的一类。它的形状多种多样，包括球状、杆状、螺旋状等。对人类来说，细菌具有"两面性"，它既是许多疾病的病原体，也与人类的生活息息相关，比如酸奶发酵、污水处理、医药制药等。

　　放线菌是一类呈菌丝状生长和以无性孢子繁

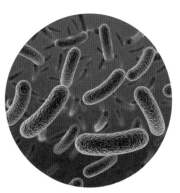

︿ 显微镜下的细菌

殖的原核生物，同细菌的主要区别是细胞呈丝状生长，而与真菌的主要区别则是细胞核为原核而不是真核。放线菌在自然界分布广泛，尤其多见于土壤中。土壤中的放线菌和细菌、真菌一样，参与有机物质的转化，在分解蛋白质、半纤维素、纤维素方面均有一定能力。

▲ 常见的真菌——蘑菇

真菌是一种真核生物，大部分真菌肉眼可见。腐败的食物上生长的霉菌、树林中的蘑菇、能发酵糖类的酵母菌等都是真菌。

原生动物是非常原始且简单的生物，身体由单个细胞构成，所以又被人们称为单细胞动物。它们广泛分布于淡水、海水和土壤中。

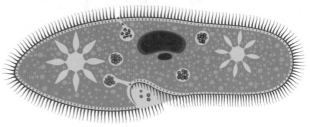

▲ 身体形状像鞋底的原生动物——草履虫

知识速递

多种多样的土壤动物

土壤动物是长期或者一生中大部分时间生活在土壤或地表凋落物层中的动物。很多土壤动物的体形较小，容易被人们忽视。其实，土壤中也存在一个丰富的动物世界，它们在生态系统中发挥着重要作用。土壤动物的种类繁多、数量庞大，大部分肉眼可见，包括环节动物蚯蚓，节肢动物蜈蚣、蜘蛛、蜱螨，原生动物草履虫，脊椎动物鼹鼠、蛇等。

土壤也分优劣？

土壤是由固体部分、液体部分和气体部分组成的。固体部分包括粗细不同的矿物质颗粒、有机质和难以计数的微生物。固体颗粒之间的空隙中则充满了水分和气体。不过，不同地方的土壤中的固体、液体和气体比例不同，而且还会不断变化，比如施肥、灌溉、耕作等活动都会影响土壤的组成。理想的土壤，固体约占50%，空气和水分各约占25%。

影响土壤形成的五大关键因素是：成土母质、气候、生物、地形、时间。其中，成土母质和地形是比较稳定的；气候和生物则是比较活跃的，在土壤形成过程中，它们随着时间的变化而变化。在这五大因素的长期作用下，不同区域的土壤就有了"优劣"之分。

"优质"的土壤是疏松且养分均衡的，有利于作物生长，能多产粮，且粮食的质量高。相反，紧实、黏重或者沙化的土壤是"劣质"土壤，不利于作物生长，农产品产量低、品质差。

从作物生长的角度来说，柔软、疏松的土壤通气性好，含氧量高，活化性强，水分含量适中，有利于作物生长，能促进作物的根系发散生长。而坚硬的土壤紧实度高，不利于作物扎根，也不利于水分、养分的流动，故而不利于作物的生长发育。

疏松的土壤

紧实黏重的土壤

土壤的质地和性质

土壤的泥沙比例称为土壤质地。按照中国土壤粒级分类标准，直径小于等于 0.001 毫米的土粒称为细黏粒，直径为 0.01 ～ 0.05 毫米的土粒称为粗粉粒，直径 0.05 ～ 1 毫米的土粒称为沙粒。根据土壤质地的不同，人们将土壤分为沙土、壤土和黏土。土壤质地状况影响土壤的通气性、保肥性、保水性和耕作性。

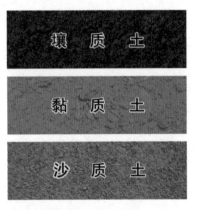

壤土泥沙比例适中，一般沙粒占 40% ～ 55%，黏粒占 45% ～ 60%，质地疏松，通气透水，保水、保肥力强，适宜耕作，是水、肥、气、热协调的优质土壤。

黏土含黏粒在 60% 以上，硬度大，黏着性、黏结性和可塑性都强，因此适耕性差。土壤保水、保肥力强，潜在肥力较高。但土紧难耕，土温低，肥效不易发挥。

沙土含沙量在 80% 以上，土粒大、空隙多，通透性好，有机质矿质化快，易耕作，但保水、保肥能力差，肥力一般较低。通俗地讲，沙粒多的就是沙土。

土壤有酸也有碱

土壤的酸碱度，又称土壤 pH，主要由氢离子或者氢氧根离子在土壤溶液中的浓度决定，pH 越小酸性越强，pH 越大碱性越强。一般而言，酸性土壤的 pH ＜ 6.5、中性土壤的 pH 为 6.5 ～ 7.5、碱性土壤的 pH ＞ 7.5。中国南方的红壤、黄壤等多表现为酸性反应，而北方的土壤一般为中性或碱性反应。

对作物来说，土壤的 pH ＞ 9 或 pH ＜ 2.5，它们是难以健康生长的。因此，作物的种植管理需要因地制宜，只有将喜酸或喜碱的作物进行分区域种植，才能获得更好的产量效益。

土壤中还含有大量的缓冲物质，这些缓冲物质能保障土壤的酸碱度在适宜范围内，但由于环境和人为等因素的影响，土壤的酸碱度常常会失衡。土壤酸碱度一旦失衡，土壤的结构就会遭到破坏，作物难以吸收土壤中的养分，微生物的活动也会受到影响。

▲ 福建武夷山茶园

中国南方地区土壤多呈酸性反应，茶树是一种喜酸性作物，故而南方多茶园。

▲ 宁夏枸杞种植基地

中国北方地区土壤多呈碱性反应，枸杞是一种喜碱性作物，故而北方多枸杞种植基地。

·信息卡· **缓冲物质**

　　当少量的酸性或碱性物质进入土壤后，缓冲物质具有缓和其酸碱反应变化的性能。不过对某一具体土壤而言，缓冲物质的缓冲性能是有限的。过度开垦、毁田烧砖、砍伐森林、滥用化肥、乱扔垃圾等活动都会破坏土壤，所以我们要合理利用土壤，保护人类的栖息地。

第二节　沐日浴月沃土存

　　土壤在岩石圈的最表层，犹如一层皮肤，护卫着地球表面。它接受日月光华的润泽，供养着不计其数的陆地生命，故而从古至今，人们对土壤就有着很深厚的感情。中国古代一直有举行"社稷大典"的习俗。明永乐十八年（1420 年），明成祖朱棣在北京兴建了社稷坛，此后明清两代的帝王率领皇亲国戚、朝廷重臣在社稷坛举行了一千多次祭祀大典。

拓展阅读

　　社稷坛位于北京市东城区天安门西侧，现名为"中山公园"。"社"为"土地神"，"稷"为"五谷神"，因此社稷坛是明清两代帝王用以表示自己尊天亲地，祭祀土地神和五谷神，祈求风调雨顺、五谷丰登、国泰民安的地方。社稷坛中最引人注目的就属五色土了。五色土按照中黄、东青、南赤、西白、北黑的方式铺就，与中国土壤种类的分布大致相同。坛中央原本有一块方形石柱，名为"社主"，又名"江山石"，用来表示江山永固。

∧ 北京中山公园里的五色土

缤纷多样的土壤

中国地域辽阔,南北跨纬度较大,地形起伏多变,南北气候差异也较大,植被类型多种多样,成土过程复杂,因而中国不同地区分布着不同类型的土壤。不同类型的土壤最直观的表现就是颜色不同,下面是我国主要的土壤类型分布图。

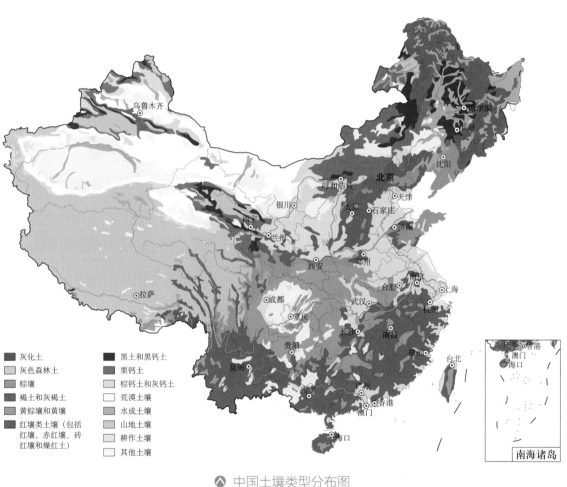

图例:
- 灰化土
- 灰色森林土
- 棕壤
- 褐土和灰褐土
- 黄棕壤和黄壤
- 红壤类土壤(包括红壤、赤红壤、砖红壤和燥红土)
- 黑土和黑钙土
- 栗钙土
- 棕钙土和灰钙土
- 荒漠土壤
- 水成土壤
- 山地土壤
- 耕作土壤
- 其他土壤

△ 中国土壤类型分布图

棕壤,主要分布在辽东半岛和山东半岛,土层较厚,表层有机质含量高,适合小麦、玉米、棉花、苹果、梨等作物生长。

褐土和灰褐土,主要分布在山西、河北、辽宁三省的丘陵低山地区,以及陕西关中平原。土壤中的矿物质、有机质积累较多，腐殖质层较厚，肥力较高，适合冬小麦、玉米、甘薯、花生、苹果等作物生长。

黄棕壤，北起秦岭，南至长江干流，西起青藏高原东南边缘，东至长江下游地带，是黄、红壤与棕壤的过渡型土类，自然肥力较高。黄棕壤适合油茶、油桐、桑树等作物生长。

黄壤，主要分布于云贵高原、广西山地、四川东北部及长江以南丘陵缓坡。土壤酸性大，表土厚，肥力较高，适合茶树生长。

红壤，主要分布在长江以南的大部分地区以及四川盆地周围的山地，土性较黏，含铁、铝多，故土壤呈红色，适合水稻、甘蔗、柑橘、茶树等作物生长。

砖红壤，主要分布在海南岛、雷州半岛、西双版纳和台湾岛南部，土层深厚，质地黏重，肥力差，富含铁、铝，故而颜色发红，适合水稻、香蕉、甘蔗、荔枝等作物生长。

黑土和黑钙土，主要分布在东北地区、内蒙古东部和西北少数地区，腐殖质含量丰富，肥力高，土壤呈黑色，适合玉米、大豆、春小麦等作物生长。

栗钙土，主要分布在内蒙古、东北地区西部和西北某些地区，腐殖质含

▲ 各种土样样本

量一般，土壤结构不良，适合种植春小麦、马铃薯、燕麦等作物。

棕钙土，主要分布在内蒙古高原的中西部、新疆准噶尔盆地北部和塔里木盆地外缘等地，极为干旱，腐殖质较少，没有灌溉就不能种植庄稼。地面多砾石和沙，为荒漠的过渡带。

灰钙土，主要分布在黄土高原西北部、河西走廊东段和新疆伊利河谷地区，有机质含量较低，腐殖质积累较弱。

荒漠土，主要分布在内蒙古、甘肃西部，新疆天山南北的戈壁地区，青海柴达木盆地等地区。土壤中基本没有明显的腐殖质层，缺少水分，土质疏松。

高山草甸土，主要分布在青藏高原东部和东南部，阿尔泰山、准噶尔盆地以西山地和天山山脉等地，土层薄，土壤冻结期长，通气性差。

土壤的肥力

土壤经过长期的演变，大致可以分为三层：表土层或者腐殖质层，是植物生长、动物和微生物活动最频繁的层次，受人类影响最多；心土层，处于土壤剖面的中间层次，包含大量从表土淋溶下来的物质；成土母质层，源源不断地为土壤的形成提供原材料。土壤既是植物生长所需营养的供应源泉，又是各种物质和能量转化的场所，持续的物质能量交换，让土壤保持着持续的生产力。土壤的主要营养成分包括矿物质（土壤的主要组成物质，如石英、云母等原生矿物和高岭石、蒙脱石等次生矿物）、有机质、活体有机体（如蚯蚓、昆虫、细菌、真菌、藻类、线虫等）、水和空气。

原始土壤中最早出现在成土母质中的有机质是微生物。随着时间的推移，土壤中的各种动、植物残体，微生物及其分解和合成的各种有机物质就成了土壤有机质。"蚯蚓土中出，田乌随我飞""落红不是无情物，化作春泥更护花"，这两句诗生动地说明了生物小循环的过程：动、植物遗体经微生物分解后可增加土壤营养。

▲ 生物小循环示意图

农业土壤中的有机质来源较广，主要有作物的根茬、还田的秸秆和翻压绿肥，人畜粪尿、工农副产品的下脚料（如酒糟），城市生活垃圾、污水、土壤微生物、动物的遗体及其分泌物，人为施用的各种有机肥料（如厩肥、堆肥、绿肥）等。

土壤离不开有机质，有机质是作物生长的物质基础，对保护生物多样性、维系物质循环至关重要。

土壤矿物养分知多少

土壤就像一个巨大的容器，能够溶解很多物质，其中土壤中的矿质养分是作物生长发育的基础。这些矿质养分包括作物生长所需的大量元素、中量元素、微量元素和有益元素。大量元素包括氮、磷、钾等，中量元素包括钙、镁、硫等，微量元素包括铁、锰、铜、锌、硼、钼、氯等，有益元素包括硅、钠、钴、硒、铝等。

不同元素对植物的促进作用不同，通俗地说："氮磷钾叶根茎，钾抗倒伏磷抗旱，枝叶黄瘦是缺氮，氮长叶子磷长根，钾肥充足叶秆壮。"

正常植物所需磷元素的浓度为0.1% ～ 0.4%。磷元素重要的作用是促进碳水化合物在作物体内运输和参与作物的代谢过程。土壤缺磷时，作物全株生长受限，叶片呈紫红色，种子不饱满。土壤中磷元素过量时，作物的繁殖器官会提前发育，作物过早成熟，籽粒小，产量低。

正常植物所需钾元素的浓度为1% ～ 5%，钾元素能提高作物含糖量，使灌浆期的作物籽粒饱满。土壤中钾元素不足时，作物抗病能力降低，品质下降并减产；当钾元素过量时，作物抗寒性差，对镁和钙的吸收降低，生长受阻碍，容易出现倒伏等症状。

正常作物所需氮元素的浓度为1% ～ 5%。氮元素的作用是增加作物叶片中的叶绿素，促进蛋白质的合成。土壤缺氮时，作物生长缓慢，明显矮小，叶片发黄；严重缺氮时，作物叶片变褐死亡；土壤中氮过多时，作物的叶片面积大，作物容易旺长，不利于果实形成。

探索与实践

土壤是作物生长的基础，土壤种类不同，适宜生长的作物也不同。请你和小伙伴们一起深入田间地头，进行一些简单的农事体验，观察你身边的土壤质地、肥沃程度和作物类型。希望你能进一步理解土壤对人类的意义。

第三节　不胜枚举壤之功

"万物土中生，有土斯有粮。"一句话道出了土壤对农业生产的重要意义。可以说，水孕育了生命，而土壤维持了生命。那么，除了为生物提供食物，土壤还有哪些功能呢？

土壤不仅能够为人类提供建筑材料，而且还保存着众多古生物化石。并且，土壤也是无数动物的家园乐土，如蚯蚓在土壤中走完自己的一生，蚂蚁在土壤中挖出一条条复杂的地道，数以亿计的微生物在土壤中寻求庇护。

土壤的功能包罗万象

在自然界，土壤一般有 6 种功能。

1. 生产功能

土壤是农业的基础，全球众多人口每天消耗的资源中，80% 以上的热量、75% 的蛋白质和植物纤维产自土壤。土壤不仅为植物的生长提供机械支撑，还是陆地生物的营养库。

2. 环境功能

土壤具有吸附、分散、中和以及降解环境污染物质的作用，可以保护地下水和生物多样性等免遭威胁。但土壤的环境容量是有限的，如果污染物质超过了土壤的环境容量，就会导致土壤的降解功能衰竭，土壤就会被污染。

3. 生态功能

土壤是生物多样性的根基，为植物、动物和微生物提供了栖息地。因此，土壤是一个丰富的地下物种库、种子库和基因库。

4. 重要碳库

土壤是全球碳循环中的重要碳库，具有平衡二氧化碳等温室气体排放的作用，对全球气候变化具有重要影响。

5. 自然文化遗产档案

土壤中埋藏着古生物化石和众多文物资源，对研究自然发展和人类历史十分重要，因此土壤是文化遗产的一部分。

6. 原材料供给和人居环境功能

土壤可以为人类提供黏土、沙石、矿物等原材料，其中黏土可以用来烧砖和制陶，沙石是重要的建筑材料，矿物是生产和生活的重要原料。同时，土壤还有为人类提供住所、休闲娱乐场所，维护人类健康发展的人居环境功能。"我家东冈旧乡土，谷有田场桑有圃"，很好地诠释了土壤的这一功能。

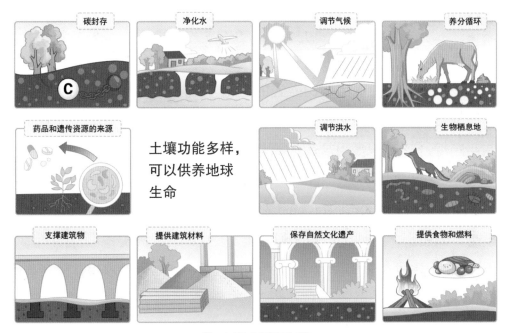

▲ 土壤功能示意图

知识速递

土地、土壤、耕地、园地有什么区别？

土地指地球陆地表层一定范围内的全部自然要素，包含土壤、气候、水文、植被、地貌、岩石等相互作用和相互制约形成的自然综合体，包括过去和现在人类活动的结果。土壤是能够生长植物的疏松表层，而耕地是种植作物、经常进行耕锄的土地，也被称为农田，包括以种植作物为主并附带种植桑树、茶树、果树和其他林木的土地及沿海地区已围垦的"海涂""湖田"。

园地是指种植以采集果、叶、根、茎、汁等为主的集约经营的多年生木本和草本作物，覆盖率大于50%或每亩株数大于合理株数70%的土地，包括果园、茶园、桑园、橡胶园和其他园地。园地不属于耕地与林地，属于农用地。

土壤的概念一般更侧重于自然属性，而耕地和园地更多侧重于土地资源的农业利用属性，蕴含着人类活动的印记，与人类农业活动密不可分。

土壤真的能吃吗？

山西省垣曲县有一种很奇特、美味的食物——炒祺，这种食品是山西省的省级非物质文化遗产。炒祺以面粉、鸡蛋、食用油、白糖、芝麻、食用盐等为原料，用当地特有的白土炒制而成。

山西省东南部的太行山有含钙量很高的钙质土，即白土，这种土也叫"观音土"。

△ 山西炒祺

白土经过高温杀菌处理后才会被用来制作炒祺，新做好的炒祺，呈淡黄色，口感酥脆。

不过，土壤中除了矿物质还存在着大量的微生物，甚至可能还会有重金属、农药和其他的污染物质。因此，食用土壤也极有可能威胁人类的健康。

第三章 神州大地田分类

　　根据不同的分类标准，耕地可以分为很多种类。例如，根据南北的区域差异，人们将耕地分为水田、旱地、水浇地；根据形成特点不同，人们将耕地分为梯田、圩田、台田等；根据气候条件、水肥条件、耕作管理方式等因素，人们将耕地分为不同的等级。对耕地进行分类，能够指导人们科学地管理耕地，提升耕地的可持续生产能力，并进一步支持国家的粮食安全战略。

第一节　旗布星峙田分布

中国幅员辽阔，陆地总面积有 960 多万平方千米，南北跨纬度约 49°，自北至南包括寒温带、中温带、暖温带、亚热带、热带，此外还有青藏高寒区，总体而言，光热条件优越，适宜发展农业。中国东西跨经度约 62°，涵盖湿润、半湿润、半干旱、干旱几大区域，耕地类型多，分布区域广。

山地多，平地少

我国是一个多山的国家，山地、高原和丘陵约占全国总面积的三分之二。一般来说，山区地质构造复杂，土壤母质类型多样，土壤类型各有特色。山地起伏高差大，坡度陡，土壤易被冲刷，土层薄，地块小，耕地分散，交通不便，耕作困难，生态系统一般较脆弱，易引起水土流失，破坏自然资源。但山地和峡谷地区形成了局部小气候，有利于发展林业。我国南方山地，水热条件好，土壤有富铁土和铁铝土，生物资源丰富，为中国热带、亚热带林木、果树和粮食生产基地。而西北地区的山地是中国重要牧场，同时也是平原地区农业灌溉水源的集水区。因此，西北地区的山地在西北地区农业自然资源组成和农业生产结构中占有重要地位。丘陵与山地一样，均具有坡地和相间平原，地形条件相对复杂，农业基础设施薄弱，土壤肥力较低，需要有选择地种植一些适应干旱环境的作物，如玉米、红薯、油茶等。

中国耕地资源的分布

第三次全国国土调查结果显示，中国耕地总面积约为 19.18 亿亩（约

△ 中国南方稻田风光

127.86 万平方千米），主要分布在东部季风区，即年降水量 400 毫米等值线以东的湿润、半湿润地区，以东北、华北、长江中下游、珠江三角洲等平原、山间盆地以及广大的丘陵地区为主，这些耕地占全国耕地面积的 90% 以上，而西部耕地面积较小，分布零星。

·信息卡·　　　　　　　　　　第三次全国国土调查

　　第三次全国国土调查，简称"三调"，于 2018 年全面启动，以 2019 年 12 月 31 日为标准时点汇总数据，在 2020 年全面完成了第三次全国国土调查工作。"三调"是一次重大国情调查，也是国家制定经济社会发展重大战略规划、重要政治举措的基本依据，其目的在于全面细化和完善全国土地利用基础数据，掌握翔实准确的全国国土利用现状和自然资源变化情况等。

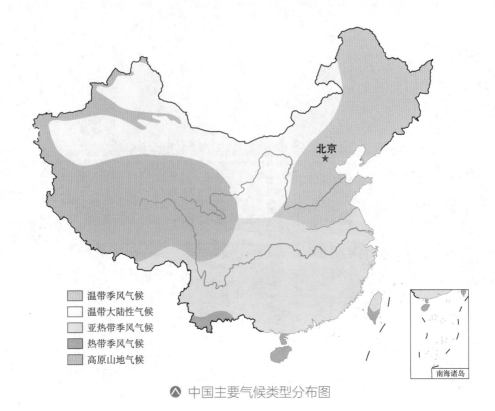

温带季风气候
温带大陆性气候
亚热带季风气候
热带季风气候
高原山地气候

北京

南海诸岛

∧ 中国主要气候类型分布图

中国东部和南部地势相对低平，且拥有良好的水热条件，故而土地生产力较高，是中国重要的农区、林区和畜牧区。西北内陆区虽然光照充足，热量也较丰富，但干旱少雨，沙漠、戈壁、盐碱地面积大，其中东半部为草原与荒漠草原，西半部为极端干旱的荒漠，土地自然生产力低。青藏高原地区平均海拔在 4000 米以上，日照虽然充足，但热量不足，高而寒冷，土地自然生产力低，且不易被利用。综合来说，中国土地资源分布不均衡，区域间差异大。

中国不同地区的土地情况

	北方地区	南方地区	西北地区	青藏地区
区域差异	地处东部季风区，集中了全国 90% 以上的耕地和林地，土地利用程度很高		以草地和荒漠为主	以草地、高寒荒漠为主，土地生产力较低
	以旱地为主	以水田为主		
自然原因	雨热同期，土壤肥沃，平原广阔，耕地多，但水热条件相对较差	雨热同期，土壤肥沃，多丘陵、山地，但水热资源丰富	光照充足，热量较为丰富，但干旱少雨，水源不足	光照充足，但热量不足

知识速递

　　一片土地能否被开发为耕地要满足两个基本条件：一是地形平坦，平原和高原地形平坦，适宜开发耕地，而丘陵、山地地形崎岖，不适宜大规模开发耕地；二是气候适宜，热量和降水要适中，作物才能生长，而青藏高原地区由于海拔太高，热量不足，就不宜开发耕地。

不同区域农业生产的特点

　　中国土壤资源丰富多样，空间分异明显，但适宜耕种的土地面积小，总体质量不高；受人为活动的强烈影响，土地垦殖率高，耕地后备资源有限。不同类型的土壤是在不同的自然环境条件和人为影响下形成的，各自具有不同的生产力及发展适宜性。因此，应针对不同的土壤类型，选择适宜的作物。

　　华北平原是中国耕地面积最大的平原农业区，土体深厚，宜耕适种，是中国粮、棉、油、肉等农产品的重要产区。

　　东北平原区土地肥沃，盛产小麦、大豆、玉米、高粱等，是中国重要的粮食生产基地。

🔺 华北平原的麦田　　　　　　　🔺 东北平原上的稻田

　　西北地区属于半干旱、干旱地区，光照充足，但干旱少雨，土地不肥沃，畜牧业占首要地位，农业区小而分散。部分地区引用高山融雪水灌溉农田，所生产的长绒棉、小麦及优质瓜果广为人知。

南方地区水热条件好，土壤主要是砖红壤、赤红壤、红壤和黄壤，土壤偏酸，适宜种植水稻、油菜、柑橘、香蕉、甘蔗、茶树等作物。

坚守耕地红线

耕地是农业生产的命脉，在山水林田湖草沙这个生命共同体中，"田"代表的是耕地，是中国宝贵的自然资源，也是粮食生产最重要的载体。当前，中国耕地资源呈现总量多、人均少、地区分布不平衡，可开发后备资源少和耕地基础地力不足等特点。根据第三次全国国土调查结果显示，

△ 守护耕地

中国人均耕地面积仅为 1.36 亩 / 人（约 906.67 平方米 / 人），不到世界平均水平的 40%。

因此我们必须要保护耕地，国务院印发的《全国土地利用总体规划纲要（2006—2020 年）》提出，确保 18 亿亩（120 万平方千米）的耕地红线。而且耕地红线也是 14 多亿中国人的粮食安全底线。在中国，种植粮食作物的耕地主要集中在中国东北、华北和长江中下游的平原区。这意味着其他地区的耕地种植了甘蔗、棉花、油料等作物。所以，中国适合粮食作物生产的耕地资源依然紧缺。

耕地保护迫在眉睫，我们必须坚持实行最严格的耕地保护制度，耕地红线不能碰。

第二节　纵横交错田分类

中国南、北方种植的作物和耕作的方式差异较大，农田类型有很大区别。中国北方地势较平坦，平原较多，田块大且布局整齐，灌渠纵横交错，农田多为旱地和水浇地；南方温暖湿润，河网密布，农田多以水田为主。除常见的方方正正的农田外，我国还有很多特色农田，如梯田、圩田、垛田等。

常见的农田类型

旱地指没有灌溉设施，主要依靠天然降水种植作物的耕地，主要位于降水 250 ～ 400 毫米的半干旱、干旱地区和丘陵坡地，即人们常说的雨养农业耕地。中国的旱地主要分布在华东、华南和西南三个地区。

水浇地指除水田、菜地以外，有水源保证和灌溉设施，在一般年景都可以正常灌溉的耕地。水浇地主要集中在中国北方干旱且有水资源能够利用的

︿ 旱地

︿ 水浇地

地区，山东、河北以及河南等省份有比较多的水浇地。

水田就是围有田埂，可以经常蓄水，用于种植水稻等水生作物的耕地。水田按照水源情况可以分为灌溉水田和望天田两类。灌溉水田是有水源保证和灌溉设施，在一般年景能正常灌溉，用于种植水生作物的耕地。望天田指无灌溉设施，主要依靠天然降水，用于种植水生作物的耕地。在中国，大片水田主要集中于长江中下游及其以南地区，是专门种植水稻的地区，也是我国水稻主要生产区。

∧ 水田

∧ 中国小麦、水稻分布图

婀娜多姿的田

1. 梯田

梯田是山区、丘陵地区常见的一种农田，是沿丘陵、山坡等高线修筑的阶梯状田地或波浪式断面田地。梯田通过改变地形坡度，拦蓄雨水，增加土壤水分，防止水土流失。

中国早在秦汉时期就有梯田。因种植水稻需要大面积的水塘，而中国东南地区多丘陵少平原。为了解决温饱问题，先民构筑了梯田，用一道道堤坝涵养水源，使在丘陵地区大面积种植水稻成为可能，并由此解决了温饱问题。

历经两千多年的发展，梯田不再仅仅是满足人们生存需求的耕地，正逐渐发展成为生态文化休闲旅游的好去处。随着农业现代化建设，一些典型的梯田，成了人类农耕文化遗产的重要组成部分。

红河哈尼梯田位于云南省元阳县，是以哈尼族为主的各族人民世世代代辛苦劳动留下的杰作，被誉为"中国最美的山岭雕刻"。红河哈尼梯田随山势地形变化，梯田大者有数百平方米，小者不足1平方米，沿着山坡层层向上，规模宏大，气势磅礴，绵延整个红河南岸。

龙脊梯田位于广西壮族自治区龙胜各族自治县，开发的历史非常久远，梯田自山脚一直盘绕到山顶，似乎目之所见凡是有泥土的地方都被开发为了梯田，由此形成"小山如螺、大山成塔"的壮观景象。

⚠ 红河哈尼梯田

⚠ 龙脊梯田

2. 圩田

圩田指在江、河、湖泊周边低洼易涝地区通过筑堤围出来的农田。中国的圩田主要分布在南方濒湖低洼地区，长江下游地区称其为"圩田"，长江中游地区称其为"垸田"。《文献通考·田赋六》中记载："江东水乡，堤河两涯，田其中谓之圩。农家云圩者，围也。内以围田，外以围水，盖河高而田在水下。沿堤通斗门，每门疏港以溉田，故有丰年而无水患。"圩田始于唐末五代，盛行于宋朝、元朝。

圩田在抵御旱涝，夺取稳产、高产方面发挥着一定的作用。但这种垦殖形态也有一定的弊端。圩田的过度开发破坏了湖泊、河流原有的水文环境，影响湖泊的蓄水量，容易引发洪涝灾害。现在，通过退田还湖、平垸行洪工程，圩田面积在减少，生态在逐步恢复。

∧ 圩田

3. 垛田

在中国南方沿湖低湿地区，人们用开挖网状深沟或小河的泥土堆积而成的垛状高田，即为垛田。先民为了抵御洪水，在低洼地区垒土成垛，垛上耕种，形成了垛田。垛田或方、或圆，或宽、或窄，或长、或短，形态各异且大小不等，其相同之处就是四面环水，垛与垛之间各不相连，形同海上小岛。

△ 垛田

4. 台田

台田，主要用于土地的盐碱化治理。

"上农下渔"的台田模式由台田、排水沟道与鱼塘等共同构成，主要分布于华北平原。台田模式的基本建设思路是挖土为塘用以养鱼，堆土成台用以耕作。台田建成后，引黄河水漫灌，土壤中的盐碱逐渐下渗，台田就会变为良田。

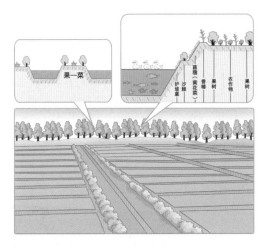

△ 台田模式示意图

5. 坝子农业

坝子农业主要分布于云贵高原的山间盆地。云贵高原喀斯特地貌广布，流水的冲刷使地表土层浅薄，地表水渗漏严重，只有那些被当地人称为"坝子"的山间盆地，气候温和，土层厚，地形比较平坦，可耕作的面积较大，适宜发展农业。故而这种农业又被称为坝子农业。

多种多样的农田在中华大地上纵横交错，它们不仅是人们生活的保障，也是人们千百年来辛勤劳作后在大地上留下的杰作。

第三节　三等九格田质量

　　农用地分等定级的历史就是土地评价的历史，我国土地评价历史悠久。两千多年前，《尚书·禹贡》将当时的疆域分为冀、兖、青、徐、扬、荆、豫、梁、雍九州，并按土壤颜色、土壤质地、水分状况把土地分为三等九级，即上、中、下三等，每等又分上、中、下三级。一直以来，我们都在探索如何科学管理和保护耕地。2016年，农业农村部制定了《耕地质量等级》国家标准，推进了耕地质量标准化检测，同时也实现了耕地质量的分等定级，便于人们对耕地进行差异化管理，有利于实现耕地资源的高效管理与可持续利用。

为什么要给耕地分等定级？

　　中国耕地面积逐渐减少，人口增加和粮食供需的矛盾日益突出，提高中

︿ 粮食是人类生存之本

国耕地质量是国家粮食安全的战略性决策。长期以来，很多地区的耕地利用方式不合理，不仅导致耕地肥力退化，引发了一些生态环境问题，还导致粮食生产出现了较大的波动等情况。因此，开展耕地质量的长期监测、评价与预警，对于提高中国耕地质量、指导耕地质量管理、确保国家粮食安全和农业可持续发展具有十分重要的意义。

耕地的等级

《2019 年全国耕地质量等级情况公报》显示，全国耕地按质量等级由高到低依次划分为一至十等，平均等级为 4.76 等。其中，一至三等耕地占耕地总面积的 31.24%，这部分耕地基础地力较高。四至六等耕地占耕地总面积的 46.81%，这部分耕地所处的环境气候条件基本适宜，农田基础设施条件相对较好，是我国今后粮食增产的重点区域。七至十等耕地占耕地总面积的

▲ 耕地质量体检表

21.95%，这部分耕地基础地力相对较差，短时间内较难得到根本改善，需要持续开展农田基础设施建设和耕地内在质量建设。

耕地质量的提升是提高粮食综合生产能力的重要途径。但是，在农业生产管理中，不仅要提升耕地质量，还要注重培育品质优良的种子、提高农业机械化水平、探索先进适用的农业生产技术等。

怎样提高耕地质量等级

优质的耕地是实现农业可持续发展和建设绿色生态环境的必由之路。但耕地质量等级的提升是一个漫长的过程，需要在加强农田基础设施建设的同时，坚持用地、养地相结合，才能从根本上改变耕地质量。

当前，人们主要采用工程类和农艺类措施提升耕地质量。工程类措施包括修建农田水利工程，提高农田灌排能力；整理和平整耕地，提高耕地利用率；合理修筑岸坡防护、坡面防护等设施，提高耕地的水土保持和防洪能力等。农艺类措施指通过落实《耕地质量保护与提升行动方案》，实施国家黑土地保护工程，建设退化耕地集中连片治理示范区，开展秸秆还田、增施有机肥、种植绿肥和深松整地等活动，增加土壤有机质，改善耕作层土壤结构，持续稳步推进耕地质量建设；通过开展退化耕地综合治理、土壤肥力保护与提升、污染耕地阻控修复等工作，在适宜地区有序推广保护性耕作，防治土壤侵蚀。

⚠ 充满希望的田野

为提升耕地质量等级，培育健康优质的农田，更好地发展农业生产，人们开展了一系列的耕地质量保护活动，为实现绿波连云的田之美景作出了诸多努力。

第四章
竭智尽力的粮食安全

　　在古代农耕文明中，中国农业能够长期领先于世界其他文明古国，一个重要的原因就是中国古人认识到了人是大自然的一部分，强调人与自然和谐相处，主张因时制宜、因地制宜。人们在"天人合一"思想的指导下，"顺天时，量地利"，植五谷，养六畜，农桑并举，耕织结合，逐渐形成了精耕细作、勤俭节约的优良传统。

第一节　深耕易耨育良田

"深耕易耨"即深耕细作，及时除草，出自《孟子·梁惠王上》。孟子劝梁惠王施仁政于民，教育民众深耕土地、耘田除草以富民。在农耕社会，土地是国家重要的生产资料，对粮食生产以及社会安定有着十分重要的作用。在现代，土地依然是宝贵的自然资源。人们通过改进耕作技术、加快良种培育、改良耕作土壤等多种方式，实现了农田的高效利用，保障了国家的粮食安全。

农田也需要"食补""药疗"

人类每天都需要摄入多种食物来获取人体所需的各种营养物质，而为人类提供食物的农田也是需要摄入能量的。农谚中说："庄稼一枝花，全靠肥当家。"可见作物能不能生长得好，肥料起着相当重要的作用。

中国古人很早就意识到了这个问题。早在商代，人们就已经开始用畜禽粪便、秸秆等肥料，来提升地力了。到了唐宋时期，随着水稻在长江流域的推广，人们施肥的经验日益增多，总结出"时宜、土宜和物宜"的施肥原则，根据地域、土壤和环境等因素使用不同的肥料。随着近代化工业的兴起和发展，各种化学肥料相继问世，出现了富含氮、磷、钾、

︿ 田间施肥

钙、铁、铜、镁等多种元素的复合肥料。

就像人类会生病一样，耕地有时也会受到一些病、虫、草等有害生物的影响。为了预防、消灭或者控制危害农业的有害生物，科学家们研发了一系列应对病虫害的物质，统称其为农药，主要包括杀虫剂、杀菌剂、除草剂、杀鼠剂、植物生长调节剂等。施用农药有很多方法，目前在农业生产中应用最广泛的一种方法是喷雾法。但是要防治地下害虫或者某一时期在地面活动的昆虫，人们就要将药粉与土壤混合均匀，制作成"毒土"，供有害生物"食用"了。

虽然良药可以防虫治病，但俗话说"是药三分毒"。为了防治作物病虫害，全球每年有数百万吨化学农药被喷洒到自然环境中，但实际发挥能效的仅有非常小的一部分，其余的都散逸在土壤、空气和水体之中，导致不少地区的土壤、水体、粮食和蔬菜等化学农药残留超标，这些化学农药残留对环境、生物及人体健康构成了严重威胁。

︿ 给麦田喷洒农药

作物"喝"什么水

"万物生长靠太阳，雨露滋润禾苗壮"，作物生长需要阳光，也同样需要水。有了充足的水分，作物的茎秆、枝叶才能挺立、伸展，才能更好地进行光合作用。此外，作物还需要大量的水分进行蒸腾作用，用以降低植株的温度，防止叶片被灼伤，同时促进根对水分的吸收及加速水分和无机盐在体内的运输。既然水对于作物来说如此重要，那么作物需要的是什么水呢？

土壤的空隙中有容纳水分和空气的空间，土壤的空隙容积越大，水分和空气的含量也就越多。土壤中的水分按照其所受重力的不同分为重力水、吸湿水和毛管水三种。

⌄ 雨中的稻田

受重力影响，重力水不能保持在土壤孔隙中，容易流失，下渗速度快，只有极少的一部分能被作物利用。如果地下水位过高，长期阴雨，耕作层土壤中长期或大量存在重力水，就会导致土壤透气性变差，影响作物生长。土壤中吸湿水的含量主要取决于空气的相对湿度和土壤质地，空气相对湿度越大，土壤颗粒越细，土壤中吸湿水的含量也就越多。吸湿水易受土粒引力的影响，所以不能移动，没有溶解力，不能被作物吸收。毛管水是靠毛管力保持在土壤毛管孔隙中的水分，一般情况下，毛管水可以向各个方向移动，是作物所需水分的主要供给源，也是土壤养分的溶剂和输送者。

农业的"芯片"——种子

农业的基础在于种植业，种植业的延续与发展依赖种子。在长期的生产实践中，人们创造了育种技术，培育出了大量的优良品种，正是依靠它们，各种种植活动才能年复一年地进行。可以说，种子的优劣决定了粮食的产量和质量，一颗小小的种子看似不起眼，却是农业的核心竞争力。在全球农业竞争的大背景下，种子安全不容小觑。种子就像是农业的"芯片"，芯片中有大量的晶体管，种子里也有数以万计的基因。

⚠ 谷物种子

中国的农业"芯片"中心在哪里？

寒冷条件下植物生长会受限，育种速度也会受阻，而中国海南省这个

"天然温室"里藏着一个巨大的种子库——国家南繁科研育种基地。海南省独特的热带气候可以让作物实现加代繁殖，让一个品种的育种周期缩短三分之一甚至一半。每年冬季，很多科技人员将水稻、玉米、棉花等夏季作物的育种材料，在当

∧ 玉米幼苗

地秋收后，拿到海南省进行繁殖和选育，这样可以加速育种的过程，提高中国种子资源的竞争力。海南省也就成了作物南繁之地，被人们称为"南繁硅谷"。

　　一亩良田是作物健康生长的先决条件，肥料和适当的农药是作物健康生长的保障，水分是作物健康生长的基础，优良的种子是作物优质高产的关键，正是在劳动人民的精耕细作之下，我们才能看见良田万顷、绿波连天的美好景象。

第二节　休养生息护耕地

餐桌上的食物都来自广袤的农田，但随着人口基数的不断增大，人们对粮食的需求量也越来越大。为了实现粮食的稳产增产，化肥、农药的使用量也在不断增加，这导致土壤的肥力不断下降，耕地的"精气神"也被消耗掉了，急需休养生息恢复元气。

农田也需要休息

随着粮食需求量变大，我国的耕地被超强度利用，资源环境也亮起了"红灯"。就像人需要休息一样，有时候也需要让过于紧张、疲惫的耕地休息一下，人们称这种方式为休耕。

休耕不是让土地全部闲下来，而是要因地制宜地减少部分耕地的农事活动。人们通过在休耕的土地上种植绿肥等作物，防风固沙，涵养水分，保护土地的耕作层。通常人

▲ 急需休养生息的耕地

们把淡水资源严重短缺、灌溉压力大、水土流失严重、土壤退化以及一年两熟、一年三熟等复种指数高的农田作为休耕的重点区域。休耕的时间要根据当地的情况来确定，可以选择年休或者季休，尽量把休耕对农业生产的影响降到最低。

在休耕时期，人们对耕地的开发利用强度减小。通过一段时间的调整，耕地土壤的地力得到提升，恢复元气的土地能够保证粮食稳产增产，所以休

耕可谓"磨刀不误砍柴工"。

作物也需要轮番"站岗"

　　农田里每一季都种同一种作物好呢，还是不同时间轮换种植不同作物好呢？这个问题就和人们吃食物一样，长期吃同一种食物会腻，而且还会造成营养不良。土壤中包含氮、磷、钾等大量元素，也包含钙、镁、硫、铁、锌、锰、硼、硅等中、微量和有益元素，不同作物对土壤中的元素的需求不同。比如，水稻偏爱硅元素，油菜偏爱硼元素。如果一块农田里一直种植水稻或油菜，那么土壤中的硅元素或硼元素很快就会被消耗掉。但如果水稻和油菜轮流种植，就能给硅元素和硼元素的积累争取时间，减缓土壤中硅元素和硼元素的消耗速度。这种在同一块田有顺序地在不同时节轮换种植不同作物或者组合种植作物的种植方式，称为轮作。

▲ 玉米和豆科绿肥轮作　　　　　　▲ 棉花和牧草轮作

　　轮作的好处还不仅于此。作物生长过程中，土壤中或土壤中病株残体中的病原体会侵害作物的根、茎，从而使作物感染疾病，人们称之为土传病害。通常这些病原体都具有特异性，只能感染单一作物，因此定期轮换种植不同的作物可以减少或消灭这些病原体，从而减少作物病害的发生。

知识速递

连作障碍

连作障碍是指在同一块农田里连续种植同一种作物或近缘作物的情况下，导致该作物生长发育异常的现象。症状一般表现为作物生长发育不良，产量、品质下降。极端情况下，连作障碍会导致局部死苗，不发苗或发苗不旺。连作障碍的发生有多种原因，包括土壤养分被过度消耗、病虫害增加和有毒物质累积等。一般而言，连作次数越多、年限越长、水肥管理越不当，连作障碍越明显。

取之于田，用之于田

中国东北地区广布着肥沃的黑土，是中国的"北大仓"。但由于大规模的开垦和不合理的耕作方式，加上自然的侵蚀，黑土地面临着不断退化的问题：不仅土层逐渐变薄，而且土壤越来越贫瘠、越来越板硬。为了保护黑土地，当地大力推广保护性耕作。

▲ 黑土地退化

保护性耕作就是指因地制宜地通过少耕、免耕以及地表覆盖、合理种植、农业病害虫防治等综合配套措施，提高土壤肥力，防治土壤侵蚀、退化，完善表层土壤生态系统结构、增强其生态功能，确保耕地可持续利用的综合性土壤管理技术体系。为什么"偷懒"反而能保护土地呢？

从地表覆盖方面来讲，秋天人们收获玉米后，将它的秸秆切断粉碎后覆盖在地表，秸秆残茬留在地里，这就像给田地盖了一层被子。严冬之下，这层秸秆不仅能给土壤保水、保温，还能减轻风蚀、水蚀对土壤的破坏。等到气温升高后，秸秆腐烂到了地里，又变成了肥料可以提升土壤的肥力。

经过长期的生产实践，中国的劳动人民汇集了休耕、轮耕等一套行之有效的方法来保护耕地，让耕地逐渐得到了休养生息，为土地资源的可持续发展提供了有力的保障。

第三节 中华粮仓的变迁

寸土寸金关乎国计，一垄一亩承载民生。在五千多年的历史长河中，中国人在土地富饶、气候适宜的地区大力耕作，甚至远赴边疆屯垦耕种，创造出了一片又一片的沃野。

在中国的土地上，从东至西、从北到南有许多被称为"中国粮仓"的地方，它们为中国的粮食安全提供了有力保障。2022 年，中国人均粮食占有量约 486 千克，高于国际粮食安全标准线，做到了谷物基本自给，口粮绝对安全。

2023 年中国粮食产量排名前十的省级行政区

排名	省级行政区	总产量（万吨）	单位面积产量（千克／公顷）
1	黑龙江	7788.2	5282.6
2	河南	6624.3	6142.0
3	山东	5655.3	6742.2
4	吉林	4186.5	7186.4
5	安徽	4150.8	5659.2
6	内蒙古	3957.8	5666.4
7	河北	3809.9	5902.1
8	江苏	3797.7	6956.8
9	四川	3593.8	5611.8
10	湖南	3068.0	6440.7

苏常熟，天下足

两宋时期，人口大批南迁，人们在太湖地区垦殖了大量的土地，轮流种植水稻和小麦，粮食产量大幅提高，太湖地区成为全国粮食的主产区。这里生产的粮食不仅能满足当地百姓的日常所需，还能运往外地供养其他地区的百姓，故而民间有"苏常熟，天下足"的说法。

明朝后期和清朝时期，江苏、浙江等地商业经济发展较快，粮食重要产区逐渐转向洞庭湖南北和四川等地，稻米沿水路集中于武汉、岳阳、长沙等地，然后运往全国各处。故此民间又有"湖广（今湖南省、湖北省）熟，天下足"的说法。从"苏常熟，天下足"到"湖广熟，天下足"，这是中国古代商品粮货源地变化的反映。

▲ 两湖平原

两湖平原（在湖北省中南部和湖南省北部，是长江中下游平原的一部分）之所以成为产粮重地，与其拥有充足的水资源和肥沃的土地分不开。两湖平原水网纵横，湖泊密布，中国第二大淡水湖洞庭湖就位于这里。另外，两湖平原由长江及其支流冲积而成，土壤主要为冲积土。冲积土土壤肥厚，富含有机质和矿物质，自然肥力高，易于耕作。

"中华粮仓"知多少

当前，我国的"粮仓"都在哪里呢？

1. 东北粮仓

东北平原，又名"松辽平原"，地处中国的东北部，在大兴安岭、小兴安岭和长白山脉之间，地跨黑龙江、吉林、辽宁和内蒙古四个省区，由辽河、松花江、嫩江冲积而成，面积约 35 万平方千米，是中国第一大平原。东北平原有世界上最肥沃的土地——黑土地，民间常这样形容黑土地："捏把黑土冒油花，插根筷子能发芽。"

黑土指腐殖质含量很高的土壤，腐殖质越多，土壤越"黑"，所含的营养成分越高，对作物的生长越有利。东北平原广布黑土，气候适宜，其粮食产量占全国粮食总产量的五分之一以上，是中国重要的商品粮基地和粮食安全的"压舱石"。

⚠ 东北稻田

2. 天府粮仓

成都平原，又名"川西平原"，位于四川盆地西部，面积约 9100 平方千米。成都平原自古富庶，正是源自其得天独厚的千里沃野，始于"水旱从人"的都江堰灌溉工程。"蜀粮"自古以来在中国的粮食生产中就占有重要位置，在刘邦建立汉室、诸葛亮北伐的过程中，蜀粮发挥着重要作用。

▲ 成都平原

如今，"天府粮仓"仍然肩负重任。在全国 13 个粮食主产区中，西南地区只有四川位列其中。2022 年，成都市出台《打造更高水平"天府粮仓"成都片区的实施方案》，力争通过 3 年努力，提升建设 1 个 10 万亩粮油产业带、10 个以上 10 万亩粮油产业园区、100 个万亩粮经复合产业片（园）区，计划打造优质高标准农田，建设新时代更高水平"天府粮仓"核心区。

知识速递

高标准农田建设指为减轻或消除主要限制性因素，全面提高农田综合生产能力而开展的田块整治、灌溉与排水、田间道路、农田防护与生态环境保护、农田输配电等农田基础设施建设和土壤改良、障碍土层消除、土壤培肥等农田地力提升活动。

3. 西北粮仓

西北粮仓主要位于河西走廊、河套平原等地。河西走廊是甘肃省西北部狭长的高地，这里除了是中国东部通往新疆的咽喉要道，也是西北重要的粮食生产基地。河西走廊的绿洲断续相连，这些绿洲地势平坦、土质肥沃、引水灌溉条件好，农、牧业发达，是西北地区重要的商品粮基地和经济作物集中产区，甘肃全省三分之二以上的商品粮出自这里。

河套平原在内蒙古自治区和宁夏回族自治区境内，是黄河沿岸的冲积平原，面积约 2.5 万平方千米，沟渠纵横，灌溉农业发达，是内蒙古和宁夏地区主要的粮食生产基地，有"塞上江南"之称。

▲ 宁夏平原

4. 华北粮仓

华北平原，又名"黄淮海平原"，在中国东部偏北、黄河下游，主要由黄河、淮河、海河、滦河冲积而成，跨越北京、天津、河北、山东、河南、安徽、江苏 7 个省市，总面积约 30 万平方千米，是中国第二大平原。该平原地势低平，水源充足，地处季风区，作物以两年三熟和三年五熟为主。华北平原粮食生产典型地区是河南省和山东省。据 2022 年数据统计，河南省以占全国 6.2% 的耕地生产了中国 10% 的粮食，其中小麦的生产量占全国小麦总产量的 1/4。另外，全国市场上 1/2 的火腿肠、1/3 的方便面、1/4 的馒头、3/5 的汤圆、7/10 的水饺均出自河南省。而 2022 年和 2023 年，山东省粮食产量均位居全国第三，并且山东省除了是我国重要的粮食产区，还是全国最大的"菜篮子"和著名的水果之乡，该省出产的苹果、梨、桃、樱桃等产量均居全国前列。

⋀ 山东烟台苹果

近年来，我国加强对华北平原的利用和保护，开展高标准农田建设举措，使华北平原成为国家粮食安全的"定海神针"。

5. 长江中下游粮仓

长江中下游平原指长江三峡以东的长江中下游沿岸带状平原，由长江及其支流冲积而成，地跨湖北、湖南、江西、安徽、江苏、浙江、上海等 7 省市，面积约 20 万平方千米。该地区地势低平，大部分海拔在 50 米左右，土层深厚，河湖密布，有"鱼米之乡"之称，作物可一年两熟，甚至一年三熟，是我国重要的粮、油、棉生产基地。

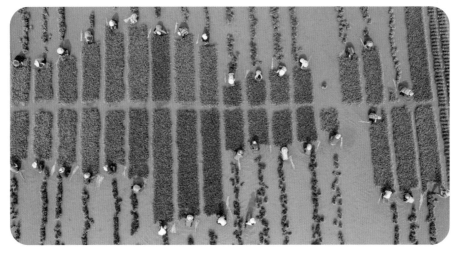

⌃ 长江中下游平原

从"南粮北运"到"北粮南运"

在中国古代，江苏、浙江、湖南、湖北、广东、广西等地是全国重要的粮食生产基地。

自春秋战国时期开始，因水利设施的大量兴建，生产力水平逐步提高，中国的农业生产水平也在不断提高，耕地面积不断扩大，形成了四个重要农业区：关中农业区、关东农业区、江淮农业区、成都平原农业区。历史上，我国北方多战乱，每逢战乱之时，人们流离失所，农业生产废弛，北方人口逐渐南移，其中三国混战、西晋永嘉之乱、唐代安史之乱时，南方地区接纳了大批的北方移民，大大促进了南方农业生产的发展。至宋代时，南方地区人口高度密集，我国经济重心完成南移。明清时期，"苏松赋税半天下"，东南地区成为全国最主要的粮食输出地。

直到中华人民共和国成立后的很长一段时间，南粮北运的格局依然没变。

自改革开放以来，曾经土地肥沃的鱼米之乡，即长江三角洲和珠江三角洲，从传统的粮食主产区转型为现代化的经济重镇，人口大量集中于此，对农产品的需求增加。而北方地区随着农业综合生产能力的提高，逐渐成为我国粮食主产区。于是，中国的粮食生产向东北、华北等地集中。

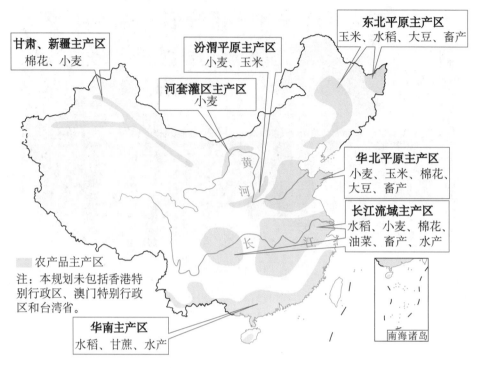

甘肃、新疆主产区
棉花、小麦

汾渭平原主产区
小麦、玉米

河套灌区主产区
小麦

东北平原主产区
玉米、水稻、大豆、畜产

华北平原主产区
小麦、玉米、棉花、大豆、畜产

长江流域主产区
水稻、小麦、棉花、油菜、畜产、水产

华南主产区
水稻、甘蔗、水产

农产品主产区
注：本规划未包括香港特别行政区、澳门特别行政区和台湾省。

南海诸岛

▲ 中国农产品主要产区建设规划示意图

"粮仓系国脉，民心定乾坤"，中华粮仓的变迁也间接反映了中国政治、经济、文化的发展变化。守住粮仓、护好农田，是中华儿女世代繁衍生息的重要保障。

探索与实践

中国的粮食生产区域还有很多，你还知道哪些特色的粮食生产区，与身边的朋友分享一下。

第四节　防患未然守红线

　　中国山地多，平地少，难利用的土地面积大，后备耕地资源少，且农业土地资源质量不高，要养活众多人口，只能充分利用好、保护好现有耕地资源。

地球母亲正在"负重前行"

　　随着经济发展，城市在不断扩张、工业生产规模也在不断扩大，耕地被占用的情况不断加剧，地势平坦、有水源保障的优质耕地资源持续减少。再加上人口持续增加，使得全球耕地资源短缺的状况日益严重。

△ 负重的地球

　　2021 年，联合国粮食及农业组织（FAO）公布了一份名为《世界粮食和农业领域土地及水资源状况：系统濒临极限》的报告，这份报告显示，全球约有 34% 的农业用地由于人为因素已显著退化，城市的不断扩张正在侵蚀农田，可用的农田资源越来越少；从 2000 年到 2017 年，人均用地面积就减少了 20%；全世界多达 8.28 亿人面临饥饿。

　　粮食安全是全世界共同的目标，但粮食安全的整体状况却不容乐观。对我国来说，粮食安全是关系到国计民生的大事，任何时候都不能放松，"手中有粮，心中不慌"在任何时候都是真理。

后备耕地"刨根究底"

2013 年，第二次全国土地调查数据显示，截至 2009 年年底全国耕地面积约为 20.31 亿亩（约 135.4 万平方千米）。2021 年，第三次全国国土调查数据显示，截至 2019 年年底全国耕地面积约为 19.18 亿亩（约 127.86 万平方千米）。10 年间全国耕地面积减少了 1.13 亿亩（约 7.53 万平方千米），我国当前耕地保护面临新形势、新压力。

当前，在非农建设占用耕地要严格落实占补平衡的情况下，未来我国还需进一步开发利用耕地后备资源来补充耕地。中国耕地后备资源分布比较零散，区域分布不均衡，主要集中在中西部经济欠发达地区，其中河南、甘肃、新疆、黑龙江、云南等 5 个省区后备耕地资源面积占到全国近一半。这说明，经济发展快的地区后备耕地资源稀缺甚至枯竭，余下来的后备耕地资源开发成本较高，不适合大规模开发利用，应该以综合整治为主。

⏶ 难以开发利用的戈壁滩

耕地利用也要"约法三章"

根据人口数量、人均消耗粮食量、耕地质量以及平均亩产等数据，有关部门科学测算出 18 亿亩（120 万平方千米）耕地红线是中国粮食安全的生命线。为了保护珍贵的土地资源，我国采取了很多有效的措施。

1. 基本农田保护制度

为缓解人口多、耕地少、耕地后备资源不足的矛盾，维护国家粮食安全，我国专门制定了《基本农田保护条例》，划定基本农田保护区，以满足中国未来人口和国民经济发展对农产品的需求，保障农业生产以及国民经济持续、稳定、快速发展。《基本农田保护条例》中明确规定，基本

△ 禁止非法占用耕地

农田保护区经依法划定后，任何单位和个人不得改变或者占用。

2. 耕地用途管制制度

全国各地要认真执行严格管控一般耕地（永久基本农田以外的耕地）转为其他农用地的规定。一般耕地主要用于粮食和棉、油、糖、蔬菜等农产品及饲草、饲料生产；在不破坏耕地耕作层且不造成耕地地类改变的前提下，可适度种植其他作物。而永久基本农田不得转为林地、草地、园地等其他农用地及农业设施建设用地。

△ 依法拆除耕地上的违建住宅

3. 耕地占补平衡制度

非农业建设用地经批准占用耕地的，要按照"占多少，补多少"的原则，由占用耕地的单位负责开垦与所占用耕地的数量和质量相当的耕地。

△ 严禁"占优补劣"

耕地是粮食生产的命脉，保障粮食安全的根本在耕地。人们必须合理、合规、合法地使用耕地资源，不触碰耕地红线，守护粮食安全和生态环境。

第五章
刻不容缓田保护

　　中国的耕地质量可谓"先天不足"，优质耕地资源紧缺，后备耕地资源不足。随着长时间高强度的耕作，人们脚下的土壤也在悄然变化。如今，东北的黑土地变薄、变硬、变瘦了；南方地区的土壤酸化问题突出；干旱条件下土壤含盐量增加，中国的盐碱耕地面积正在扩大。所以我们必须保护耕地，防止耕地进一步退化，守住"粮仓"，端稳"中国饭碗"。

第一节 中流一壶黑土浅

"中流一壶"语出《鹖冠子》，该书记载："中河失船，一壶千金。"壶，通"瓠"，可以浮在水面上。中流一壶的意思是在河流中翻了船，一个瓠子价值千金，比喻珍贵难得。而耕地中的黑土地就像"大熊猫"，十分珍贵，在我国只分布在东北地区。"捏把泥土冒油花"极其形象地描述了以前东北黑土地黝黑油亮、肥沃的特点。但如今，由于自然因素和人为因素，黑土地变薄、变瘦和变硬问题日益凸显。

什么是黑土地

中国的黑土地是指黑龙江省、吉林省、辽宁省、内蒙古自治区的相关区域范围内具有黑色或者暗黑色腐殖质土层，性状好、肥力高的耕地。黑土地是在特定的气候条件下，待地表植被死亡后经过长时间分解形成腐殖质后，逐渐演化而成的。

△ 肥沃的黑土地

东北地区雨热同期，植物在春夏之际生长茂盛，在秋冬之时枯萎凋零，大量的枯枝落叶会积累在地表。而冬冷夏热的气候让土壤微生物的活动具有间歇性特征，使其分解留下的腐殖质等有机质大大增加。此外，气候的干湿交替使地面在干燥期出现裂缝，枯枝败叶得以落入土壤深层，而在湿润期随着雨量增加这些枯枝败叶又迅速膨胀，使土壤完成自翻转的过程。在特殊的自然条件下和漫长的岁月里，黑土地具备了有机质含量高、疏松肥沃的特点。

中国科学院东北地理与农业生态研究所研究发现，中国东北的黑土地耗费了约 1.2 万年才形成，个别地方的黑土甚至有 200 多万年的历史。

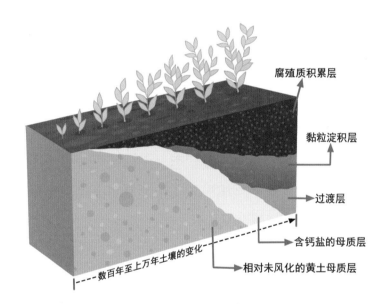

腐殖质积累层

黏粒淀积层

过渡层

含钙盐的母质层

相对未风化的黄土母质层

数百年至上万年土壤的变化

▲ 黑土形成过程示意图

"日渐消瘦"的黑土地

土地越肥产粮越多，但由于人们长时间重用轻养和风水侵蚀等因素的影响，黑土地退化严重。一些地区的黑土层不足 20 厘米，目前黑土层正以每年 0.1 ~ 0.5 厘米的速度剥蚀流失。而且，一些不法商贩看到了黑土地的商机，盗采黑土，让黑土地更加"消瘦"。

1.变薄

中华人民共和国水利部《中国水土保持公报》（2019）指出，东北黑土地水土流失面积为 21.87 万平方千米，占黑土地总面积的 20.11%；其中 60% 以上的旱作农田发生了水土流失，部分地区的黑土层厚度已经由 20 世纪 50 年代的 60 ～ 80 厘米，下降到当前的 20 ～ 40 厘米，黑土地变薄了。

2.变瘦

数据监测显示，近 60 年，黑土地表层土壤有机质含量下降了 1/3，部分地区下降了 1/2。长期耕作导致土壤微生物活性大幅降低，土壤中有效养分转化变慢，而且在秋收后，人们又将可以形成腐殖质的秸秆收走，导致黑土地得不到营养补充。因此黑土地中的有机质含量不断下降，肥力变低，越发"瘦骨嶙峋"。

3.变硬

人们为了稳产、增产会给黑土地施加大量的化肥，这种不合理的施肥方式打破了黑土地中各种元素的平衡状态，土壤结构遭到破坏。加之机械频繁作业，反复碾压耕地，致使土壤被压实，土壤的蓄水能力下降、通透性变差、保肥能力减弱，土地逐渐硬化。

为什么要保护黑土地

东北黑土区面积有 109 万平方千米，典型黑土区耕地面积约 19.53 万平方千米。东北地区是中国的"黄金玉米带""大豆之乡"，对中国乃至世界粮食、饲料的生产和输出起着举足轻重的作用。目前，该区粮食总产量和商品粮产量分别占全国总量的 1/4 和 1/3，是中国的"大粮仓"。黑土区不仅粮食产粮高而且品质好，人们吃到的优质大米大多来自东北，例如五常大米、盘锦大米等。

黑土地在农业可持续发展、粮食安全战略以及生态系统功能中发挥着不

⌃ 东北农田里成熟的水稻

可替代的重要作用。它是巨大的土壤碳库，拥有巨大的固碳潜力，合理开发与保护黑土地，大力发展低碳农业，将有助于高效发挥土壤碳库作用，能在实现碳中和（计算二氧化碳的排放总量，通过植树等方式把这些二氧化碳吸收掉，以达到环保目的的活动）进程中起到重要作用。

"刚柔并济"保黑土

黑土地的现状不容乐观，保护黑土地迫在眉睫，"立法保护"和"技术保护"必须同时并行。

1. 立法保护

法律是准绳，《中华人民共和国黑土地保护法》反映了中国保护耕地、保护粮食生产安全的决心。世界四大黑土区中，中国是唯一一个通过专门立法来保护黑土地的国家。该法明确指出黑土地优先用于粮食生产的导向，强化黑土地治理与修复，以确保黑土地总量不减少、功能不退化、质量有提升、产能可持续，牢牢把住粮食安全主动权。

△ 立法保护黑土地

2. "集成技术"新模式

① "龙江模式"是以秸秆翻埋还田为核心，因地制宜地结合米豆轮作、有机肥施用、深松深翻、土壤侵蚀治理、少耕免耕等措施的黑土地保护模式。秸秆翻埋还田是将秸秆粉碎后，通过深翻还田，有效补充土壤有机质的方法，适合哈尔滨、绥化、佳木斯等未受到风蚀影响的低洼平地。

△ 秸秆粉碎还田

秸秆粉碎还田、增施有机肥、玉米和大豆轮作，再配套免耕覆盖等技术，可以有效提升耕作层土壤的肥力，适合治理松嫩平原西部风沙、干旱、盐碱等问题。

② "梨树模式"是以作物秸秆还田、免耕播种为核心，包括机械收获

与秸秆覆盖、免耕播种与施肥、病虫草害防治、轮作等全程机械化的技术模式。梨树模式可以提高土壤有机质含量，减少化肥使用量，增加土壤微生物，防治水土流失，提高粮食产量。

③"三江模式"主要针对稻田土壤结构不良和秸秆还田难等突出问题，具体措施包括秋季秸秆粉碎抛洒还田、春季泡田搅浆整地、合理配施有机肥、优化田间管理等。该技术模式能有效增加土壤有机质含量，改善土壤结构，提升地力，增加粮食产量，提高粮食品质。

"大熊猫"似的黑土地弥足珍贵，它原本肥沃的质地和当下窘迫的现状，让我们警醒。因此，保护黑土地需以法律为保障，以科技来护航。

第二节 染丝之叹黄土白

中国古代思想家墨子看到染丝的人感叹说："染于苍则苍，染于黄则黄，所入者变，其色亦变，五入必，而已则为五色矣。故染不可不慎也！"墨子所说的意思是本来相同的事物因受环境影响而变得不同。在中国北方，耕地土壤由黄变白恰如"染丝之叹"。

"春天白茫茫，夏季水汪汪，只听耧声响，不见粮归仓。"这首歌谣真实地描述了土壤盐碱化后，人们没有收获粮食的情况。盐碱土是盐土、碱土和各种盐化、碱化土的统称，包含不同类型和不同程度受盐碱成分影响和作用的土壤。

盐碱地之所以让人头疼，是因为土壤中含有大量的盐碱成分。这些盐碱成分会导致土壤板结、透水性差、有机质含量下降，土壤微生物活性降低。因此盐碱地不利于作物生长。

⋀ 青海盐碱地

盐碱地的成因

土壤盐碱化的成因有两种：原生盐碱化和次生盐碱化。原生盐碱化指由自然环境因素（气候、地形、水文、土壤条件、植物等）变化引起的土壤盐碱化。次生盐碱化指因人类对土地资源和水资源的不合理利用引起的部分区域水盐失调，导致的土壤盐碱化。

因自然因素导致的土壤盐碱化有下面几种情况。其一，通常情况下，地下水与土壤表层中的水分处于动态平衡状态。但当气候干旱时，土壤表层中的水分被大量蒸发掉，土壤下部的水分就会向上移动，水分移动过程中还会带着土壤中的盐分一起向上移动。当水分达到土壤表层被蒸发掉后，盐分就会在土壤表层聚集。如果这个过程不断重复进行，土壤表层的盐分就会越积越多，由此就会造成土壤盐碱化。其二，在地势低平的洼地，盐分容易汇集但不易排出，这样也容易造成土壤盐碱化。其三，土壤盐碱化会受到成土母质的影响，如果成土母质含有大量盐分，那么由它形成的土壤含盐量也会很高。其四，就植物种类而言，盐生草、胡杨、碱蓬、柽柳等植物的耐盐碱性极高，它们大多具有强大的根系，能从土层深处吸取大量的盐分贮藏在茎叶中。当这些植物死亡被分解后，盐分经雨水淋洗又会回到土壤中，从而使土

▲ 辽宁盘锦红海滩上的碱蓬

壤发生盐碱化。

因人类的生产活动引发土壤盐碱化的情况包括：其一，在有些地区，人们采用大水漫灌或在低洼地区只灌不排的方式灌溉农田，导致地下水位上升，使地下水和土壤中的盐分随着地表水分蒸发而聚集于地表；其二，还有些地区采用咸水和碱性水灌溉农田，导致水中的盐碱成分积累于耕作层中；其三，长期浅耕、过多增施化肥和有机肥也会造成土壤盐碱化。

下图中的"盐随水来，盐随水去"生动地展现了盐碱地形成的过程。

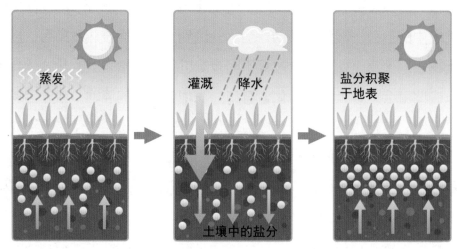

在土壤水分蒸发与作物的蒸腾作用过程中，盐分随水分从土壤深层达到地表或根系层，水分蒸发后，盐分积聚在地表和根系层土壤中。

灌溉或降雨带来的水分又将土壤中的盐分带向土壤深层或淋洗出土壤至地下水、地表水中。在一定时间内，如果由蒸发和蒸腾作用带到土壤表层的盐分多于入渗、淋洗带走的盐分，则土壤处于积盐状态；反之，则处于脱盐状态。

当土壤表层可溶盐累积到一定程度，植物就会吸水困难，甚至不能吸水，严重时会发育不良甚至死亡。

盐碱地的分布

盐碱土可以分为四个等级，即轻度、中度、重度、极重。轻度盐碱土一般指轻度积盐碱的土壤，一般不会造成作物缺苗，能够用作耕地和草地；中度盐碱土指中度积盐碱的土壤，会造成作物缺苗；重度盐碱土指地面盐碱聚集的土壤，无法种植作物；极重度盐碱化的土地碱斑率大于 70%。

盐碱地在全球分布广泛，从寒带、温带到热带的各个地区，从美洲、欧洲、亚洲到大洋洲到处都有大量含盐、干燥、板结、荒芜的盐碱地。据统计，世界范围内不同类型的盐碱地的面积约占陆地总面积的 10%。

▲ 甘肃酒泉盐碱荒滩

中国盐碱土可分为内陆盐碱土、滨海盐碱土和冲积平原盐碱土三大类，主要集中分布在东北平原，西北干旱、半干旱地区，华北平原及东部沿海地区，其中盐碱耕地已有 7.6 万平方千米，约占耕地总面积的 6%。

盐碱地治理分秒必争

盐碱地被称为"地球之癣"，重度盐碱地上几乎寸草不生，治理难度很大。然而盐碱地也是重要的耕地资源，根据其成因，治理时需要因地制宜，分类施策。

1. 工程改良措施

工程改良措施包括平整土地、暗管排盐和灌水洗盐等。这里重点介绍暗管排盐和灌水洗盐。

暗管排盐技术遵循"盐随水来，盐随水去"的原理。暗管包括吸水管和集水管，吸水管的管壁开有透水孔，铺设于地下一定深度，盐水通过管壁透水孔进入管道内，再通过集水管的管道排出土体外，从而达到有效降低土壤含盐量的目的。

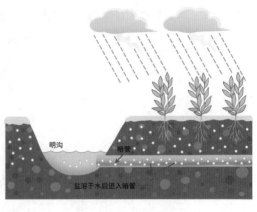

▲ 暗管排盐示意图

灌水洗盐是在平整的田面上，对已种植作物的地块增设排盐沟，通过合理的灌溉方式将土壤表层盐分淋洗至排盐沟的盐碱化土壤改良措施。

2. 耕作改良措施

耕作改良措施是通过采用正确的耕作技术，达到局部改良盐碱化耕地的措施，如划锄（锄地），可增加土壤的渗透性，防止土壤板结，还能切断盐分上移的土壤毛细管，阻止盐分在土壤表层积累。对于干燥、板结的土壤，可以通过翻耕疏松土壤，增强土壤透气性和透水性，并通过保墒措施（采用各种耕作技术使土壤保持一定的水分，以利于作物生长的农业措施）降低土壤盐分含量。对于含盐量过大的区域，还可以剥离含盐碱表土，利用外运客土重新回填的方式来改变其盐碱化现状。

▲ 深翻后的土地

3. 化学改良措施

化学改良措施是指通过向盐碱地投放化学改良剂来改善土壤理化性质的方法。常用的盐碱地化学改良剂有石膏、磷石膏、脱硫石膏、亚硫酸钙等。

4. 生物改良措施

生物改良措施是通过改变作物种植模式来改良盐碱地的方法。人们可以优先选用耐盐碱的作物种植，还可以采用粮食作物与牧草间作、粮食作物与绿肥轮作、棉花与牧草间作、棉花与绿肥轮作等种植方式改良盐碱地。牧草、绿肥耐盐碱性强，植物茎叶繁茂，可有效降低地表水分蒸发，减轻土壤返盐。而且它们发达的根系可伸入土壤深层，提高土壤的透水性和保水力，可抑制盐分在土壤表层聚集，降低土壤表层含盐量。

⚠ 高粱耐盐碱性强，适合在盐碱地种植

"满眼一片白茫茫，寸草不生碱圪梁"的情况不容乐观，如何修复和利用盐碱地是农业生产的重要任务。

第三节　枉墨矫绳田土酸

"枉墨矫绳"的意思是违背准绳、准则。对土地而言，一旦人们违背自然规律，可能就会给土地带来危害。中国南方的土壤多偏酸性，由于人为的不合理耕作，加剧了南方土壤酸化。土壤酸化对土壤和作物的危害性都非常大，可造成土壤板结易开裂、肥力下降，作物营养不良、生长迟缓、烂根死棵、开花结果异常、产量品质下降等。

土壤酸化也容易使土壤金属离子（铝、锰、铬、镉）活性增强，造成农产品中有毒重金属超标，从而危害人们的食品安全。当前，在耕地数量减少、质量下降的背景下，治理酸化土壤对稳定耕地质量、保障粮食安全尤为重要。

土壤为何会酸化

土壤酸化简单来说是土壤中碱性盐基离子大量流失，导致土壤 pH 降低，土壤呈强酸性的现象。土壤酸化主要有以下原因。

△ 土壤酸化

随着农业生产技术的发展，人们实现了作物的长季节栽培和反季节栽培，作物需要大量吸收土壤养分。有些地区的耕地全年无休，养分被持续消耗，造成土壤贫瘠和酸化。

在多雨季节，降水量大大超过蒸发量，使得土壤中的淋溶作用非常强烈，导致钙、镁等碱性盐基离子大量流失，土壤逐渐酸化。另外，大气污染导致的酸雨也会使土壤酸化。

为了提高作物产量，人们大量使用化肥。有些农户大量使用酸性肥料，也会造成土壤酸化。

土壤酸化害处多

土壤酸化影响作物根系吸收营养。土壤酸化会使土壤板结，从而导致作物根系难以在土壤中伸展，根系活力下降，根系面积减少，根部细胞的呼吸作用减弱，根系难以从土壤中吸收养分，致使作物地上部分缺乏充足养分，易感病，发育不良，最终影响作物的产量和农产品的品质。

土壤酸化影响土壤微生物种群。土壤酸化会抑制土壤有益微生物的生长和活动，使土壤有益微生物减少。例如，土壤酸化会降低土壤中氨化细菌和固氮细菌的数量，从而影响土壤有机质的分解和土壤养分循环。土壤酸化会使根际有害微生物大量繁殖，易滋生腐霉菌、尖镰孢菌、丝核菌等致病真菌，使分解有机质及蛋白质的主要微生物类群（如芽孢杆菌、放线菌等）数量减少，加重土传病害。

土壤酸化会降低肥料的利用率。酸性土壤会影响肥料的有效性，使氮素大量流失。

︽ 酸化的土壤

> **知识速递**
>
> 　　肥料利用率，指肥料养分施入土壤后被作物吸收利用的比率。肥料利用率是指导施肥和评价施肥效果的重要指标，肥料利用率的高低受肥料的种类、施肥量、施肥方式、施肥时间、土壤类型、作物种类、气候条件、田间管理等因素的影响。

改良酸化土壤有妙招

　　中国南方地区的耕地酸化问题十分突出，严重影响了作物的健康生长，必须采取有效措施对酸化土壤进行改良。

　　1. 施用有机肥

　　农业农村部鼓励各地开展果菜茶有机肥替代化肥行动，支持规模化养殖企业利用畜禽粪便生产有机肥，引导农民积造农家肥、施用商品有机肥。

　　2. 秸秆还田

　　农业农村部支持各地按照因地制宜、分类指导、综合施策的原则，推广应用秸秆粉碎还田、快速腐熟还田、过腹还田等方式，使秸秆取之于田，用之于田。

　　3. 积极发展绿肥

　　农业农村部鼓励农民利用南方冬闲田和冬闲果茶园种植绿肥；在有条件的地区，鼓励农民施用根瘤菌剂，促进花生、大豆和苜蓿等豆科作物固氮肥田。

　　4. 优化种植模式

　　优化种植模式指因地制宜地开展轮作和间作套种等栽培模式；合理运用喷灌、滴灌等节水灌溉方式，减少大水漫灌对作物和土壤的危害；土地种养结合，减缓土壤酸化速度。

　　土壤酸化本是一个较为缓慢的自然过程。然而由于人为活动的影响，我国耕地酸化加剧，严重危害了生态环境和农业生产安全。因此解决土壤酸化问题，势在必行。

第四节　协力同心护耕地

　　土壤对人类的意义不言而喻。它为人类提供了生存空间，可以储存和过滤水，还在抵御洪水和抗旱方面发挥着重要作用。因此，我们必须要保护土壤，修复已经受到损伤的土壤，使其恢复往日的生机与健康。

土壤健康有标准

　　土壤健康是土壤维持生产力，维持土壤环境质量和促进生物健康的能力。健康的土壤具有良好的结构和缓冲性能，能为植物根系提供充足的空间和养分。土壤健康主要表现在土壤理化性质优越、土壤营养丰富、土壤生物活跃、土壤水分和空气含量适宜、土壤生态系统健康稳定等方面。

1. 土壤理化性质优越

　　土壤理化性质指土壤物理性质和土壤化学性质。土壤物理性质主要包括土壤质地、土壤结构、土壤密度、土壤空隙、土壤温度等。土壤化学性质主要包括土壤矿物、土壤酸碱性、土壤有机质等。健康的土壤质地疏松，通气、透水性强，保水、保肥性好，温度适宜，酸碱度适中，能够为作物根系的生长提供相对稳定的环境。

2. 土壤营养丰富

　　土壤营养丰富主要体

△ 疏松的土壤

现在土壤养分丰富、土壤肥力强劲。土壤肥力是土壤为作物生长提供和协调营养条件及环境条件的能力。

矿物质是土壤肥力的重要组成，一般占土壤固相部分质量的95%～98%，是岩石经过风化作用形成的不同大小的矿物颗粒。土壤矿物质种类很多，直接影响土壤的物理和化学性质，是作物养分的重要来源之一。健康的土壤含有的矿物质种类齐全、比例适宜、含量丰富。

土壤有机质是土壤肥力的核心部分，它的含量是衡量土壤肥力高低的一项重要指标。富含有机质的土壤生物多样性丰富，缓冲能力高，抗污染、抗干扰的能力强。

知识速递

土壤肥力可分为自然肥力和人为肥力。自然肥力，指土壤在气候、生物、成土母质、地形和时间这五大成土因素影响下形成的肥力。人为肥力，指土壤在人为的耕作、施肥、灌溉等农事活动影响下所表现出的肥力。一般耕作土壤既有自然肥力，又有人为肥力。

3. 土壤生物活跃

土壤生物是土壤中活的有机体的总称，包括各种土壤动物、真菌、细菌等。土壤生物尤其是微生物对动植物残体的分解、土壤结构形成、有机物转化、有毒物质的降解等至关重要。健康土壤中的土壤生物种类丰富多样、代谢活跃，食物链结构合理，能够有效维持土壤生态系统的能量流动、物质循环和信息交换。

▲ 土壤生物

4. 土壤水分和空气含量适宜

土壤中布满了大大小小蜂窝状的孔隙。土壤中的毛管孔隙是土壤水分的储存之所。土壤毛管孔隙中的水分能被作物直接吸收利用，同时还能溶解和输送土壤养分。土壤中的非毛管孔隙是土壤空气的存在之地。土壤中的空气会影响种子发芽、作物根系发育、微生物活动等。健康土壤中的水分和空气的比例是适宜的。

·信息卡·　　　　　　　**世界土壤日**

2013 年，联合国粮食及农业组织大会通过了将每年的 12 月 5 日作为世界土壤日的决议，旨在强调土壤对人类生存和发展的重要性，提高公众对土壤的保护意识。

---

5. 土壤生态系统健康稳定

健康的土壤应处在一个健康的发育环境当中，没有严重的环境胁迫，如干旱、洪水、飓风、放射性散落物、工业污染、过度的农业开垦等。当土壤被污染，且有害物质超过土壤自净能力时，土壤的结构和功能就会发生变化。土壤污染程度与土壤健康状况息息相关，土壤污染程度越大，土壤的健康就越差。

土壤体检不能少

土壤是陆地生态系统中最重要的元素，摸清土壤的底细，不仅关系着人类的生存，也关系着地球生态系统的健康。因此，定期给土壤进行"体检"，了解土壤的各项指标状况，土壤才能更健康。

土壤普查就是在给土壤做"体检"。土壤普查是对土壤形成条件、土壤类型、土壤质量、土壤利用及其潜力的调查，包括立地条件调查，土壤性状调查和土壤利用方式、强度、产能调查。土壤普查结果可为土壤的科学分类、规划利用、改良培肥、保护管理等提供科学支撑，也可为经济发展和生态环境保护提供决策依据。

△ 土壤普查

我国在 1958—1960 年进行了第一次全国性土壤普查，完成了全国绝大部分耕地的土壤调查，编写了全国大部分县的《土壤志》和全国《农业土壤志》。1979—1985 年，我国又进行了第二次全国性土壤普查，并应用了遥感和计算机等技术，已陆续出版了从全国到乡级的土壤志、土种志和土壤图等比较系统完整的基础资料。自 2022 年起，我国开展了第三次全国土壤普查工作，计划在 2025 年完成全国耕地质量报告和全国土壤利用适宜性评价报告。

第三次全国土壤普查是一次重要的国情国力调查，对全面真实准确掌握土壤质量、性状和利用状况等基础数据，提升土壤资源保护和利用水平，落实最严格耕地保护制度和最严格节约用地制度，保障国家粮食安全，推进生态文明建设，促进经济社会全面协调可持续发展具有重要意义。

1. 土壤普查是守牢耕地红线确保国家粮食安全的重要基础。随着经济发展，耕地被大量占用，严守耕地红线才能确保国家粮食安全。

2. 土壤普查是落实高质量发展要求加快农业农村现代化的重要支撑。土壤普查对指导因土种植、因土施肥、因土改土，提高农业生产效率有重要作用。

3. 土壤普查是保护环境促进生态文明建设的重要举措。随着城镇化、工业化快速推进，大量废弃物的排放会直接或间接影响耕地质量。土壤生物多样性下降、土传病害加剧、土壤酸化加剧、重金属活性增强等都会威胁农产品的质量安全。为全面掌握全国耕地、园地、林地、草地等土壤性状，协调发挥土壤的生产、环保、生态等功能，需开展全国土壤普查。

4. 土壤普查是优化农业生产布局助力乡村产业振兴的有效途径，对实现粮食稳产、高产和促进乡村产业兴旺和农民增收致富有重要作用。

保持土壤健康有妙招

耕地质量的核心是土壤健康。土壤本身就是个生态系统，土壤生态系统平衡时有一定的自我修复功能。对耕地而言，土壤生态系统能否平衡与人类的耕作模式与养地方式息息相关。由于人们长期高强度利用耕地，并采取了不合理的耕作方式，中国的耕地质量不容乐观，退化面积较大、污染面积不

拓展阅读

2022 年北京冬奥会的各赛区从设计到建设过程中，中国一直坚持生态优先、资源节约、环境友好、生态保护等理念，为守护绿水青山做了非常好的示范。

延庆赛区的建设一直秉持"山林场馆，生态冬奥"的理念。山区的表土是珍贵的自然资源，也是

△ 国家雪车雪橇赛道——雪游龙

天然的种子库。在延庆赛区建设开始前，工作人员就开展了近一年的表土剥离和收集工作。为了不破坏表层土壤，大部分的剥离工作，都是人工完成的。据统计，延庆赛区共剥离了 8.1 万立方米的表土，这些表土已经全部用于赛区的生态修复工作，是赛区恢复原有生态的关键因素。

小、中低产田比例大、有机质含量低。并且有些优质耕地被占用后，后续补充的耕地等级低、基础地力低。

面对严峻的形势，当务之急是构建农田质量建设制度与土壤健康保育管理体系。为此，人们要注重优化耕作模式，坚持实施种地、养地相结合的耕作方式；合理施肥、用药，保护耕地质量，坚持发展绿色农业；依靠科技创新，更科学有效地管理耕地，建设现代化农业产业体系。

耕地是人们安身立命的根本。如何守好耕地红线和提高耕地质量，是每个人都不能忽视的问题。粮食安全关系到所有人的日常生活，全方位、立体化地保护耕地刻不容缓。我们要坚持绿色发展，针对不同地区因地制宜地利用好耕地，为生态的可持续发展多尽一份责，多出一份力。

第六章

稻谷飘香田之望

近年来，我国高度重视智慧农业的发展，坚持以绿色生态为主线，用数字技术赋能绿色农业，减少农业系统碳排放。

智慧农业是以互联网、物联网和云计算等现代信息技术为支撑的全新农业生产方式。智慧农业用机械智能体系代替传统的田间地头巡查，提高了农业生产效率，减少了人力资源成本，可以降低能源消耗，优化农产品品质，实现农产品生产工厂化。

在未来的农业发展过程中，调整农业结构、研发与推广低碳减排生产技术，既是减缓全球气候变暖的现实需求，也是确保中国农业可持续发展和加快实现"碳中和"战略的必然选择。

第一节　调剂盐梅农田靓

随着社会的发展和人民生活水平的提高，群众的温饱问题基本已经得到解决，人们更加向往优美的生态环境、干净的水、清新的空气。面对当前中国耕地资源现状，如何协调多方力量和因素来提升农田的质量、生态环境，让农田成为一道亮丽的风景线，成了摆在人们面前的一大难题。

"桑基鱼塘"零排放

生态农业是在保持、提高土壤肥力和生产效率的情况下，协调农村生态环境，保护农业资源的一种农业生产方式。

我国有历史非常悠久的生态循环农业模式——桑基鱼塘，它在我国东南地区较为常见。桑基鱼塘是一种集种桑、养蚕、养鱼为一体的人工生态系统。人们将低洼地深挖后修成鱼塘用以养鱼，将挖出来的泥土平整后用以种植桑树，蚕吃桑叶后产生的蚕沙又可以用来喂鱼。

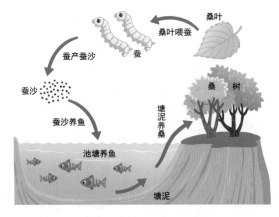

▲ 桑基鱼塘示意图

这种人工生态系统利用生物互生互养的原理，低耗、高效地实现了自给自足，对水土保持、水源涵养、气候调节、减少环境污染等具有相当重要的作用。"桑茂、蚕壮、鱼肥大，塘肥、基好、蚕茧多"，充分说明了桑基鱼塘循环生产过程中各环节之间的联系。

浙江省湖州市的桑基鱼塘系统，源于春秋战国时期，是我国最大、最集

⚠ 浙江湖州桑基鱼塘

中且保存最完整的传统桑基鱼塘系统。这里鱼塘交错纵横，水光闪烁，与田野小径相连，仿佛是一个巨大的棋盘，走进其中，郁郁葱葱的桑树环抱着一汪汪清水，让人忍不住驻足观赏。2017 年，浙江湖州桑基鱼塘系统被列入《全球重要农业文化遗产名录》。

"稻渔综合种养"新模式

　　"稻渔综合种养"是中国传统农耕文化与现代科技完美结合的典范，实现了"一地两用，一水双收"的生态种养模式。唐代刘恂的《岭表录异》中记载："先买鲩鱼子，散于田内。一二年后，鱼儿长大，食草根并尽，既为熟田，又收鱼利。及种稻，且无稗草。乃养民之上术。"书中对稻田养鱼的方法和优势都做了详细的说明。为什么这种种养模式是生态、绿色的呢？

　　因为稻田中有杂草、浮游生物、腐屑和细菌等，而稻田中的鱼可以摄取这些作为自己的食物，它们的排泄物还可以作为肥料滋养水稻。有鱼儿在水稻间穿梭，水稻中的虫害和草害减少了，土壤养分的可利用率也会随之提高；反过来，水稻也可以为鱼儿们遮阴、降低水温、净化水体，让鱼儿可以

△ 贵州稻田养鱼基地

在稻田中健康成长。这样生产出来的稻米通常质量较高。近年来，为适应农业绿色发展和产业转型升级需要，稻田养鱼也从传统单一的模式发展出更多新的模式，比如稻蟹种养模式、稻虾种养模式、稻鳖种养模式、稻鸭种养模式等。

"五颜六色"话农业

农业还有其他"色彩"吗？除了绿色农业，其实还有白色农业、蓝色农业和彩色农业。

白色农业是指微生物资源产业化的工业型新农业，包括生物工程中的发酵工程、酶工程等。因为白色农业的整个生产过程完全是在工厂中进行的，工作人员在车间中身着白色工作服工作，故而得名白色农业。白色农业要求生产环境高度洁净，因此其生产的产品无污染、无毒副作用，具有高度的安全性。目前白色农业产品主要包括微生物食品、微生物肥料、微生物农药、微生物兽药、微生物医用保健品及药品。

蓝色农业是指利用海洋、内陆水域以及低洼盐碱地等资源发展渔业、

香港鱼塘

种植业，并以此带动水生动植物开发利用的农业类型。蓝色农业不与作物争地，生产过程资源消耗少，产品营养价值高，是陆地农业的有效补充。大力发展蓝色农业，有利于缓解陆地资源压力，扩大人类生存和发展的空间。

七彩花生

说起彩色农业，人们自然会联想到五颜六色的瓜果，其实彩色农业不仅仅局限于五颜六色的农产品。它可以指种植非单一颜色的作物，比如花生可以分为黑米花生、白玉花生、珍珠花生等几个品种。它也可以指使用不同颜色覆膜的农业类型，比如采用紫色薄膜覆盖地表，茄子的果实就会又大又多。

生态农业让各种资源得以被充分利用，让农业生产步入可持续发展的良性循环轨道。科学育田的手段让农业更加色彩缤纷、靓丽多姿，让人类渴望的绿色食品变为现实。

第二节　水光山色田野美

在紧张喧闹的大城市里，很多人羡慕陶渊明笔下"采菊东篱下，悠然见南山"的田园生活，想在当下也寻找一块可供身心休息的地方。近些年，一些乡村渐渐兴起了各种独特的农业生产模式，既可供人休养身心，又可以生产粮食。

农业公园

在江苏省无锡市阳山镇采摘水蜜桃，在北京市庞各庄镇当"吃瓜群众"，在广西壮族自治区贵港市赏千亩荷花……每逢假期，城市里的人们纷纷逃离钢筋水泥丛林，去拥抱田野、阳光和风。乡村游、休闲游、生态游持续升温。

农业公园就是休闲农业发展的高级形态，它集合了农业园区和旅游园

∧ 农业公园

区，比一般的农家乐、乡村旅游点和农民民俗观光园等内容更加丰富。一般而言，农业公园有四种类型：购物型、观光作业型、农业展示型、农业景观型。

在购物型的农业公园，游客可以购买农产品和农民自制的加工品，还可以享受地道的乡村美味。在观光作业型的农业公园，游客可以品尝纯天然的绿色食品，参观农业生产过程，还可以亲自尝试种植蔬菜，享受田间劳作的乐趣。展示型的农业公园会展览一些古老的农具、新奇的作物种类、别具特色的农舍等，融科普教育和农业生产于一体。景观型的农业公园注重乡村农业自然景观保护，具有极强的观赏性。

中国的农业公园正处于起步阶段，还有很多未知空间需要去探索。根据农业现代化和农业服务业、旅游业深化发展的有关要求，中国村社发展促进会拟计划用5—8年的时间打造出100个"中国农业公园"。

八卦田

八卦田景区位于浙江省杭州市玉皇山南麓，占地约10万平方米，集游览、农业科普、农耕体验、农业文化展示于一体。八卦田，又名"八丘田"，上面种着几种不同的作物，一年四季会呈现出不同的颜色。八卦田中心是阴阳鱼图案。

据说，八卦田是南宋年间开辟的"籍田"，皇帝在此"躬耕"以示"劝农"。

八卦田

每逢春耕，皇帝就率领文武百官到此犁田，并祈祷来年五谷丰登，以示对农事的尊重。据考证，南宋时在八卦田中种下的作物共有九种：大豆、小豆、大麦、小麦、稻、粟（小米）、糯（糯稻）、黍和稷。

如今，八卦田成了杭州的美景，这里四面环水，植被茂密，空气清新。自然之美加上人工修正，成就了八卦田今日的景色。

稻田画

近年来，用彩色水稻打造的稻田画已经成为很多地区的旅游名片和网红打卡地。"中国稻田画之乡"辽宁省沈阳市沈北新区自 2011 年就开始筹建休闲观光农业项目——"稻田艺术画"。"稻田艺术画"诞生之初由紫色、黄色、绿色三种彩色水稻，经过彩稻选育、图案设计、定点测绘、秧苗栽植、田间管理五个环节制作而成。后来黑龙江、浙江、广西、安徽、贵州等省区也相继出现了很多稻田画。

⚠ 美丽的稻田画

拓展阅读 农业嘉年华

　　近年来，北京、江苏、河南、新疆等省市区陆续开展了农业嘉年华活动。农业嘉年华将多种娱乐活动融入农业节庆活动中，是集农业生产、生态环保、休闲娱乐、科普教育、农产品展示等于一体的都市型现代农业盛会。例如，北京嘉年华活动设置了蔬菜森林、番茄迷宫、欢乐农庄、梦幻花园等农业创意展示区，以及农事趣味铁人三项、我心中的农业嘉年华等趣味活动。农业嘉年华可以使游客在参观游览和互动体验的过程中了解不同地区的农产品以及不同作物的种植方式，感受和体验乡村生活，享受农耕文化。

⌃ 五彩缤纷的瓜

　　农业的产业化日益成为人们提升生活品质的一种方式。人们依托农事活动，展示农业的新成果、新品种、新技术。同时，农耕文化、美学创意等人文元素的注入，让田园充满了乐趣。

第三节　冲云破雾田之望

　　我国农业的基本现状是"大国小农"，农业产业发展仍然受限于农业从业人员匮乏、年龄老化、农业用地减少等问题，利用高新技术和互联网技术发展智慧农业，改变传统农业生产方式，是当代农业发展的必然趋势之一。

给农田装上"智慧大脑"

　　2022 年 11 月 30 日，美国的人工智能研究公司 OpenAI 发布了一款人工智能聊天机器人程序 ChatGPT，它能够像人类一样聊天交流，还能撰写邮件、文案、论文等，更贴近人类的思维。一石激起千层浪，各大互联网公司又开启了新一轮的科技角逐。

　　当下，以数字化、智能化为特征的新一轮工业革命正蓬勃兴起，人工智能已经逐渐融入了人们生活的方方面面。作为农业大国，人们早已将物联

▲ 科技助力农业

网、大数据、人工智能等新一代信息技术应用到了农业生产中。人们通过气象监测系统、虫害监测系统等设备，足不出户就能迅速获取农田的状况，还能将获取的数据导入软件，分析土壤状况、作物病虫害状况等。

但是我国很多地区的农业种植大多依靠的是农民的经验、农机装备、肥料和农药，对土壤质量的评估、肥料和农药的用量掌握得并不充分。如果所有的农田都能配备一个"智慧大脑"，那么我国的农业生产将步上一个新的台阶。

无土栽培，作物如何生长？

没有土壤，作物如何生长呢？随着科技的不断进步，在现代农业生产中，无土栽培技术的应用越来越广泛。无土栽培不用天然土壤种植作物，而用固体基质或营养液代替天然土壤向作物提供水分和养分，使作物完成从苗期开始的整个生长周期。

无土栽培可分为非固体基质栽培和固体基质栽培两大类。非固体基质栽培的作物，其根系直接生长在营养液或含有营养成分的潮湿空气中。固体基质栽培指作物根系生长在各种天然或者人工合成的固体基质环境中，

⚠ 无土栽培的蔬菜

通过固体基质固定根系，并向作物提供营养和空气的方法。固体基质的材料包括泥炭、秸秆、椰糠、沙砾等。

无土栽培使作物摆脱了自然环境的制约。地球上许多沙漠、荒原或难以耕种的地区，都可以采用无土栽培的方式种植作物。无土栽培更节约水和肥料；不需要翻地、除草，易于管理；不易发生土传病害；使用的是无

机肥料或消毒后的有机肥，更安全卫生。因此，与传统土壤栽培的作物相比，无土栽培生产的粮食和蔬菜产量更高、品质更好、口感更佳、安全性更高。

现今，无土栽培技术已经被应用到航天、远洋捕捞等领域，为在那里工作的人们提供新鲜的蔬菜。

航天育种

大家一定很熟悉太空椒，那么太空椒这类太空蔬菜是如何被培育出来的呢？

太空蔬菜都是经过航天育种培育出来的蔬菜。人们利用返回式航天器将作物的种子、组织或植株搭载到宇宙空间，使其在太空特殊的环境中发生遗传变异，

⌃ 太空椒

然后再选用有益变异的种子、组织或植株培育新的作物品种。除了太空椒、太空番茄、太空土豆，人们还培育出了小麦、水稻、棉花、月季、香蕉等作物的变种。

航天育种并没有将外源基因导入作物中使之产生变异。这种变异和自然界植物的自然变异一样，只是时间和频率有所改变。航天育种本质上只是加速了生物界需要几百年甚至上千年才能产生的自然变异。太空中宇宙射线的辐射较强，这是作物发生基因变异的重要条件。目前，人工辐射育种中的辐射剂量只有国际食品安全辐射量的几十分之一，而太空中的辐射剂量还不到人工辐射育种的百分之一。因此航空育种是非常安全的，不用担心食品的安全问题。

人工智能为农业这一古老的行业带来了颠覆性的变化。未来，在科技的

加持下，农业将焕发新的活力与生机，会向着现代化、科技化、可持续的方向不断迈进，逐渐满足人民群众对优质农产品的需求，最终实现农业现代化和乡村振兴。

　　请你和身边的朋友谈一谈，看看大家是否知道哪些常吃的蔬菜是航天育种培育出来的。